职业技能培训教材
建筑工程系列

砌筑工

◎贺栋 胡静 祝江 编著

中国农业科学技术出版社

图书在版编目（CIP）数据

砌筑工/贺栋，胡静，祝江编著. —北京：中国农业科学技术出版社，2019.9

（职业技能培训教材·建筑工程系列）

ISBN 978-7-5116-4349-0

Ⅰ.①砌… Ⅱ.①贺… ②胡… ③祝… Ⅲ.①砌筑-基本知识 Ⅳ.①TU754.1

中国版本图书馆CIP数据核字（2019）第183268号

责任编辑 闫庆健　陶　莲
责任校对 贾海霞

出 版 者 中国农业科学技术出版社
北京市中关村南大街12号　邮编：100081
电　　话 （010）82106625（编辑室）　（010）82109704（发行部）
（010）82109709（读者服务部）
传　　真 （010）82106625
网　　址 http://www.castp.cn
经 销 者 各地新华书店
印 刷 者 北京建宏印刷有限公司
开　　本 850mm×1 168mm　1/32
印　　张 6.5
字　　数 181千字
版　　次 2019年9月第1版　2019年9月第1次印刷
定　　价 26.80元

前　言

随着我国经济建设飞速发展，城乡建设规模日益扩大，建筑施工队伍不断增加，建筑工程基层施工人员肩负着重要的施工职责，是他们依据图纸上的建筑线条和数据，一砖一瓦地建成实实在在的建筑空间，他们技术水平的高低，直接关系到工程项目施工的质量和效率，关系到建筑物的经济和社会效益，关系到使用者的生命和财产安全，关系到企业的信誉、前途和发展。对此，我国在建筑行业实行关键岗位培训考核和持证上岗，对于提高从业人员的专业水平和职业素养、促进施工现场规范化管理、保证工程质量和安全以及推动行业发展和进步发挥了重要作用。

本丛书结合原建设部、劳动和社会保障部发布的《职业技能标准》和《职业技能岗位鉴定规范》，以实现全面提高建设领域职工队伍整体素质，加快培养具有熟练操作技能的技术工人，尤其是加快提高建筑业基层施工人员职业技能水平，保证建筑工程质量和安全，促进广大基层施工人员就业为目标，按照国家职业资格等级划分要求，结合农民工实际情况，具体以“职业资格五级（初级工）”“职业资格四级（中级工）”和“职业资格三级（高级工）”为重点而编写，是专为建筑业基层施工人员“量身订制”的一套培训教材。

本丛书包括《建筑机械操作工》《测量放线工》《建筑电工》《砌筑工》《电焊工》《钢筋工》《水暖工》《防水工》《抹灰工》《油漆工》共10种。

丛书内容不仅涵盖了先进、成熟、实用的建筑工程施工技术，还包括了现代新材料、新技术、新工艺、环境与职业健康安全、节能环保等方面的知识，内容全面、先进、实用，文字通俗易懂、语言生动，并辅以大量直观的图表，能满足不同文化层次的技术工人

和读者的需要。

由于时间限制，以及作者水平有限，书中难免有疏漏和谬误之处，欢迎广大读者批评指正。

编著者
2019年8月

目　录

第一章

砌筑工涉及法律法规及规范

第一节　砌筑工涉及法律法规

一、《中华人民共和国建筑法》

1. 建筑法赋予砌筑工的权利

（1）有权对影响人身健康的作业程序和作业条件提出改进意见，有权获得安全生产所需的防护用品，对危及生命安全和人身健康的行为有权提出批评、检举和控告。

（2）对建筑工程的质量事故、质量缺陷有权向建设行政主管部门或者其他有关部门进行检举、控告、投诉。

2. 保障他人合法权益

从事砌筑工作业时应当遵守法律、法规，不得损害社会公共利益和他人的合法权益。

3. 不得违章作业

砌筑工在作业过程中，应当遵守有关安全生产的法律、法规和建筑行业安全规章、规程，不得违章指挥或者违章作业。

4. 依法取得执业资格证书

从事建筑活动的砌筑技术人员，应当依法取得执业资格证书，并在执业资格证书许可的范围内从事建筑活动。

5. 安全生产教育培训制度

砌筑工在施工单位应接受安全生产的教育培训，未经安全生产教育培训的砌筑工不得上岗作业。

6. 施工中严禁违反的条例

必须严格按照工程设计图纸和施工技术标准施工，不得偷工

减料或擅自修改工程设计。

7. 不得收受贿赂

在工程发包与承包中索贿、受贿、行贿，构成犯罪的，依法追究刑事责任；不构成犯罪的，分别处以罚款，没收贿赂的财物。

二、《中华人民共和国消防法》

1. 消防法赋予砌筑工的义务

维护消防安全、保护消防设施、预防火灾、报告火警、参加有组织的灭火工作。

2. 造成消防隐患的处罚

砌筑工在作业过程中，不得损坏、挪用或者擅自拆除、停用消防设施、器材，不得埋压、圈占、遮挡消火栓或者占用防火间距，不得占用、堵塞、封闭疏散通道、安全出口、消防车通道。人员密集场所的门窗不得设置影响逃生和灭火救援的障碍物。违者处 5 000 元以上 50 000 元以下罚款。

三、《中华人民共和国电力法》

砌筑工在作业过程中，不得危害发电设施、变电设施和电力线路设施及其有关辅助设施；不得非法占用变电设施用地、输电线路走廊和电缆通道；不得在依法划定的电力设施保护区内堆放可能危及电力设施安全的物品。

四、《中华人民共和国计量法》

砌筑工在作业过程中，不得破坏使用计量器具的准确度，损害国家和消费者的利益。

五、《中华人民共和国劳动法》《中华人民共和国劳动合同法》

1. 劳动法、劳动合同法赋予砌筑工的权利

（1）享有平等就业和选择职业的权利。

（2）取得劳动报酬的权利。

（3）休息休假的权利。

（4）获得劳动安全卫生保护的权利。

（5）接受职业技能培训的权利。

（6）享受社会保险和福利的权利。

（7）提请劳动争议处理的权利。

（8）法律规定的其他劳动权利。

2. 劳动合同的主要内容

（1）用人单位的名称、住所和法定代表人或者主要负责人。

（2）劳动者的姓名、住址和居民身份证或者其他有效身份证件号码。

（3）劳动合同期限。

（4）工作内容和工作地点。

（5）工作时间和休息休假。

（6）劳动报酬。

（7）社会保险。

（8）劳动保护、劳动条件和职业危害防护。

（9）法律、法规规定应当纳入劳动合同的其他事项。

（10）劳动合同除前款规定的必备条款外，用人单位与劳动者可以约定试用期、培训、保守秘密、补充保险和福利待遇等其他事项。

3. 劳动合同订立的期限

根据国家法律规定，在用工前订立劳动合同的，劳动关系自用工之日起建立。已建立劳动关系，未同时订立书面劳动合同的，应当自用工之日起 1 个月内订立书面劳动合同。

4. 劳动合同的试用期限

劳动合同期限 3 个月以上不满 1 年的，试用期不得超过 1 个月；劳动合同期限 1 年以上不满 3 年的，试用期不得超过 2 个月；3 年以上固定期限和无固定期限的劳动合同，试用期不得超过 6 个月。

5. 劳动合同中不约定试用期的情况

以完成一定工作任务为期限的劳动合同或者劳动合同期限不满 3 个月的，不得约定试用期。

6. 劳动合同中约定试用期不成立的情况

劳动合同仅约定试用期的，试用期不成立，该期限为劳动合

同期限。

7. 试用期的工资标准

试用期的工资不得低于本单位相同岗位最低档工资或者劳动合同约定工资的80%，并不得低于用人单位所在地的最低工资标准。

8. 没有订立劳动合同情况下的工资标准

用人单位未在用工的同时订立书面劳动合同，与劳动者约定的劳动报酬不明确的，新招用的劳动者的劳动报酬按照集体合同规定的标准执行，没有集体合同或者集体合同未规定的，实行同工同酬。

9. 无固定期限劳动合同

无固定期限劳动合同，是指用人单位与劳动者约定无确定终止时间的劳动合同。

10. 固定期限劳动合同

固定期限劳动合同，是指用人单位与劳动者约定合同终止时间的劳动合同。砌筑工在该用人单位连续工作满10年的，应当订立无固定期限劳动合同。

11. 工作时间制度

国家实行劳动者每日工作时间不超过8小时、平均每周工作时间不超过44小时的工时制度。

12. 休息时间制度

用人单位应当保证劳动者每周至少休息1日，在元旦、春节、国际劳动节、国庆节、法律法规规定的其他休假节日期间应当依法安排劳动者休假。

13. 集体合同的工资标准

集体合同中劳动报酬和劳动条件等标准不得低于当地人民政府规定的最低标准；用人单位与劳动者订立的劳动合同中劳动报酬和劳动条件等标准不得低于集体合同规定的标准。

14. 非全日制用工

(1) 非全日制用工，是指以小时计酬为主，劳动者在同一用人单位一般平均每日工作时间不超过4小时，每周工作时间累计不超过24小时的用工形式。

（2）非全日制用工双方当事人不得约定试用期。

六、《中华人民共和国安全生产法》

1. 安全生产法赋予砌筑工的权利

（1）砌筑工作业人员有权了解其作业场所和工作岗位存在的危险因素、防范措施及事故应急措施，有权对本单位的安全生产工作提出建议。

（2）砌筑工作业人员有权对本单位安全生产工作中存在的问题提出批评、检举、控告；有权拒绝违章指挥和强令冒险作业。

（3）砌筑工作业时，发现危及人身安全的紧急情况，有权停止作业或采取应急措施后撤离作业场所。

（4）砌筑工因生产安全事故受到损害，除依法享有工伤保险外，依照有关民事法律尚有获得赔偿权利的，有权向本单位提出赔偿要求。

（5）砌筑工享有配备劳动防护用品、进行安全生产培训的权利。

2. 安全生产法赋予砌筑工的义务

（1）作业过程中，应当严格遵守本单位的安全生产规章制度和操作规程，服从管理，正确佩戴和使用劳动防护用品。

（2）发现事故隐患或者其他不安全因素，应当立即向现场安全生产管理人员或者本单位负责人报告；接到报告的人员应当及时予以处理。

（3）认真接受安全生产教育和培训，掌握本职工作所需的安全生产知识，提高安全生产技能，增强事故预防和应急处理能力。

3. 砌筑工人员应具备的素质

具备必要的安全生产知识，熟悉有关的安全生产规章制度和安全操作规程，掌握本岗位的安全操作技能，了解事故应急处理措施，知悉自身在安全生产方面的权利和义务。

4. 掌握“四新”

砌筑工作业人员在采用新工艺、新技术、新材料、新设备的同时，必须了解、掌握其安全技术特性，采取有效的安全防护措施；严禁使用应当淘汰的危及生产安全的工艺、设备。

5. 员工宿舍

生产、经营、储存、使用危险物品的车间、商店、仓库不得与员工宿舍在同一座建筑物内，并与员工宿舍保持安全距离。员工宿舍应设有符合紧急疏散要求、标志明显、保持畅通的出口。

七、《中华人民共和国保险法》《中华人民共和国社会保险法》

1. 社会保险法赋予砌筑工的权利

依法享受社会保险待遇，有权监督本单位为其缴费的情况，有权查询缴费记录、个人权益记录，要求社会保险经办机构提供社会保险咨询等相关服务。

2. 用人单位应缴纳的保险

（1）基本养老保险，由用人单位和砌筑工共同缴纳。

（2）基本医疗保险，由用人单位和砌筑工按照国家规定共同缴纳。

（3）工伤保险，由用人单位按照本单位砌筑工工资总额，根据社会保险经办机构确定的费率缴纳。

（4）失业保险，由用人单位和砌筑工按照国家规定共同缴纳。

（5）生育保险，由用人单位按照国家规定缴纳。

3. 基本医疗保险不能支付的医疗费

（1）应当从工伤保险基金中支付的。

（2）应当由第三人负担的。

（3）应当由公共卫生负担的。

（4）在境外就医的。

4. 适用于工伤保险待遇的情况

因工作原因受到事故伤害或者患职业病，且经工伤认定的，享受工伤保险待遇；其中，经劳动能力鉴定丧失劳动能力的，享受伤残待遇。

5. 领取失业保险金的条件

（1）失业前用人单位和本人已经缴纳失业保险费满1年的。

（2）非因本人意愿中断就业的。

（3）已经进行失业登记，并有求职要求的。

6. 适用于领取生育津贴的情况

（1）女职工生育享受产假。

（2）享受计划生育手术休假。

（3）法律、法规规定的其他情形。

生育津贴按照砌筑工所在用人单位上年度砌筑工月平均工资计发。

八、《中华人民共和国环境保护法》

1. 环境保护法赋予砌筑工的权利

发现地方各级人民政府、县级以上人民政府环境保护主管部门和其他负有环境保护监督管理职责的部门不依法履行职责的，有权向其上级机关或者监察机关举报。

2. 环境保护法赋予砌筑工的义务

应当增强环境保护意识，采取低碳、节俭的生活方式，自觉履行环境保护义务。

九、《中华人民共和国民法通则》

民法通则赋予砌筑工的权利

砌筑工对自己的发明或科技成果，有权申请领取荣誉证书、奖金或者其他奖励。

十、《建设工程安全生产管理条例》

1. 安全生产条例赋予砌筑工的权利

（1）依法享受工伤保险待遇。

（2）参加安全生产教育和培训。

（3）了解作业场所、工作岗位存在的危险、危害因素及防范和应急措施，获得工作所需的合格劳动防护用品。

（4）对本单位安全生产工作提出建议，对存在的问题提出批评、检举和控告。

（5）拒绝违章指挥和强令冒险作业，发现直接危及人身安全紧急情况时，有权停止作业或者采取可能的应急措施后撤离作业场所。

（6）因事故受到损害后依法要求赔偿。

（7）法律、法规规定的其他权利。

2. 安全生产条例赋予砌筑工的义务

（1）遵守本单位安全生产规章制度和安全操作规程。

（2）接受安全生产教育和培训，参加应急演练。

（3）检查作业岗位（场所）事故隐患或者不安全因素并及时报告。

（4）发生事故时，应及时报告和处置，紧急撤离时，服从现场统一指挥。

（5）配合事故调查，如实提供有关情况。

（6）法律、法规规定的其他义务。

十一、《建设工程质量管理条例》

1. 建设工程质量管理条例赋予砌筑工的义务

对涉及结构安全的试块、试件以及有关材料，应当在建设单位或者工程监理单位监督下现场取样，并送具有相应资质等级的质量检测单位进行检测。

2. 重大工程质量的处罚

（1）违反国家规定，降低工程质量标准，造成重大安全事故，构成犯罪的，对直接责任人员依法追究刑事责任。

（2）发生重大工程质量事故隐瞒不报、谎报或者拖延报告期限的，对直接负责的主管人员和其他责任人员依法给予行政处分。

（3）因调动工作、退休等原因离开该单位后，被发现在该单位工作期间违反国家有关建设工程质量管理规定，造成重大工程质量事故的，仍应当依法追究法律责任。

十二、《工伤保险条例》

1. 认定为工伤的情况

（1）在工作时间和工作场所内，因工作原因受到事故伤害的。

（2）工作时间前后在工作场所内，从事与工作有关的预备性或者收尾性工作受到事故伤害的。

（3）在工作时间和工作场所内，因履行工作职责受到暴力等意外伤害的。

（4）患职业病的。

（5）因工外出期间，由于工作原因受到伤害或者发生事故下落不明的。

（6）在上下班途中，受到非本人主要责任的交通事故或者城市轨道交通、客运轮渡、火车事故伤害的。

（7）法律、行政法规规定应当认定为工伤的其他情形。

2. 视同为工伤的情况

（1）在工作时间和工作岗位，突发疾病死亡或者在48小时之内经抢救无效死亡的。

（2）在抢险救灾等维护国家利益、公共利益活动中受到伤害的。

（3）砌筑工原在军队服役，因战、因公负伤致残，已取得革命伤残军人证，到用人单位后旧伤复发的。

有前款第（1）项、第（2）项情形的，按照本条例的有关规定享受工伤保险待遇；有前款第（3）项情形的，按照本条例的有关规定享受除一次性伤残补助金以外的工伤保险待遇。

3. 工伤认定申请表的内容

工伤认定申请表应当包括事故发生的时间、地点、原因以及砌筑工伤害程度等基本情况。

4. 工伤认定申请的提交材料

（1）工伤认定申请表。

（2）与用人单位存在劳动关系（包括事实劳动关系）的证明材料。

（3）医疗诊断证明或者职业病诊断证明书（或者职业病诊断鉴定书）。

5. 享受工伤医疗待遇的情况

（1）在停工留薪期内，原工资福利待遇不变，由所在单位按月支付。

（2）停工留薪期一般不超过12个月。伤情严重或者情况特殊，经设区的市级劳动能力鉴定委员会确认，可以适当延长，但延长不得超过12个月。工伤职工评定伤残等级后，停发原待遇，按照本章的有关规定享受伤残待遇。工伤砌筑工在停工留薪期满后仍需治疗的，继续享受工伤医疗待遇。

（3）生活不能自理的工伤砌筑工在停工留薪期需要护理的，由所在单位负责。

6. 停止享受工伤医疗待遇的情况

工伤砌筑工有下列情形之一的，停止享受工伤保险待遇：

（1）丧失享受待遇条件的。

（2）拒不接受劳动能力鉴定的。

（3）拒绝治疗的。

十三、《女职工劳动保护特别规定》

1. 女职工怀孕期间的待遇

（1）用人单位不得在女职工怀孕期、产期、哺乳期降低其基本工资，或者解除劳动合同。

（2）女职工在月经期间，所在单位不得安排其从事高空、低温、冷水和国家规定的第三级体力劳动强度的劳动。

（3）女职工在怀孕期间，所在单位不得安排其从事国家规定的第三级体力劳动强度的劳动和孕期禁忌从事的劳动，不得在正常劳动日以外延长劳动时间；对不能胜任原劳动的，应当根据医务部门的证明，予以减轻劳动量或者安排其他劳动。怀孕7个月以上（含7个月）的女职工，一般不得安排其从事夜班劳动；在劳动时间内应当安排一定的休息时间。怀孕的女职工，在劳动时间内进行产前检查，应当算作劳动时间。

2. 产假的天数

女职工产假为98天，其中产前休假15天。难产的，增加产假15天。多胞胎生育的，每多生育一个婴儿，增加产假15天。女职工怀孕流产的，其所在单位应当根据医务部门的证明，给予一定时间的产假。

第二节 砌筑工涉及规范

(1)《砌体结构设计规范》(GB 50003—2011)。

(2)《烧结空心砖和空心砌块》(GB/T 13545—2014)。

(3)《混凝土小型空心砌块建筑技术规程》(JGJ/T 14—2011)。

(4)《建筑结构可靠度设计统一标准》(GB 50068—2001)。

(5)《建筑结构荷载规范》(GB 50009—2012)。

(6)《混凝土结构设计规范》(GB 50010—2010)。

(7)《建筑抗震设计规范》(附条文说明)(GB 50011—2010)。

(8)《建筑工程施工质量验收统一标准》(GB 50300—2013)。

(9)《砌体结构工程施工质量验收规范》(GB 50203—2011)。

(10)《砌体工程现场检测技术标准》(GB/T 50315—2011)。

(11)《砌体结构加固设计规范》(GB 50702—2011)。

(12)《砌体工程施工规程》(DG/TJ 08—20021—2005)。

(13)《底部框架—抗震墙砌体房屋抗震技术规程》(JGJ 248—2012)。

(14)《砌体结构设计与构造》(12SG620)。

(15)《混凝土砌块(砖)砌体用灌孔混凝土》(JC 861—2008)。

(16)《房屋建筑制图统一标准》(GB/T 50001—2017)。

(17)《工程测量规范》(附条文说明)(GB 50026—2007)。

(18)《建筑地基基础设计规范》(GB 50007—2011)。

第二章

砌筑工岗位要求

第一节　砌筑工职业资格考试的申报

一、报考初级砌筑工应具备的条件

（1）经该职业初级正规培训达规定标准学时数，并取得毕（结）业证书。

（2）该职业学徒期满。

（3）在该职业连续见习工作2年以上。

二、报考中级砌筑工应具备的条件

（1）取得该职业初级职业资格证书后，连续从事该职业工作满3年以上，经该职业中级正规培训达规定标准学时数，并取得毕（结）业证书。

（2）取得该职业初级职业资格证书后，连续从事该职业工作满5年以上。

（3）连续从事该职业工作6年以上。

（4）取得经劳动保障行政部门审核认定的、以中级技能为培养目标的中等以上职业学校该职业（专业）毕业证书。

三、报考高级砌筑工应具备的条件

（1）取得该职业中级职业资格证书后，连续从事该职业工作4年以上，经该职业中级正规培训达规定标准学时数，并取得毕（结）业证书。

（2）取得该职业中级职业资格证书后，连续从事该职业工作7年以上。

(3) 取得高级技工学校或经劳动保障行政部门审核认定的、以高级技能为培养目标的高等职业学校该职业（专业）毕业证书。

第二节　砌筑工职业资格考试考点

一、砌筑工考试理论考点

(1) 建筑识图的基本知识。房屋的分类、组成和作用；常用的图例和符号；房屋施工图的产生。

(2) 建筑识图的基本技能。看懂一般房屋的平面图；看懂房屋的立面图；看懂房屋的剖面图。

(3) 砌筑工程的基本知识。砌筑工程中常用的主要砌筑工具；砌筑工程中常用的砌筑材料。

(4) 砌筑的基本技能。砖砌体的砌筑操作方法；砖砌体的砌筑要领；墙体的连接；砖墙的组砌形式；砖墙的砌筑；砖柱的砌筑；填充墙的砌筑；季节砌筑施工。

(5) 安全生产常识及法律法规。一般安全常识；砌筑安全知识；现场堆料安全知识；现场运输安全知识；法律法规知识；务工常识；维权知识。

二、砌筑工考试操作考点

(1) 掌握各种工具使用及性能。掌握各种砌筑工具的使用方法和特点；掌握各种检测工具的用途和性能。

(2) 砌筑材料的准备。掌握各种砌筑材料的性能、用途及保管方法；掌握切割机加工异形砖的方法；掌握手工砍削标准砖的加工方法；掌握加工作业的安全操作知识。

(3) 砂浆的准备。掌握砂浆的种类及使用范围；掌握水泥的品种与适用范围；掌握沙子、掺和物的质量要求。

(4) 砖墙的砌筑程序。掌握砖墙砌筑的一般过程；掌握与其

他工种人员配合作业的知识；掌握架上作业的方法；掌握砌筑作业的安全操作知识。

（5）砌筑方法。掌握三一操作法；掌握挤浆砌砖操作法；掌握瓦刀砌砖操作法。

（6）墙体组砌方法。掌握实心墙、空斗墙的组砌方法；掌握撂底、盘角、挂线、留搓、铺灰、挤浆等砌筑基本方法。

（7）墙体质量检测。掌握水平灰缝平直度的检测方法；掌握墙面垂直度的检测方法；掌握墙面平整度的检测方法；掌握墙角垂直度的检测方法。

（8）墙体的连接。掌握留斜搓的方法及质量要求；掌握留马牙槎的方法及质量要求；掌握设置墙体拉结筋的方法及质量要求。

（9）砖墙砌筑。用标准砖或砌块砌筑一般实心墙体；用标准砖或砌块砌筑带转角的实心墙；掌握各种勾缝。

（10）独立砖柱的组砌。用标准砖或砌块组砌独立砖柱。

（11）框架填充墙砌筑。练习排砖、加工砖、挂线、铺灰、拉结筋铺设；砌块组砌框架填充墙。

第三节　砌筑工的工作要求

一、初级砌筑工的工作要求

初级砌筑工的工作要求，见表 2-1。

表 2-1　初级砌筑工的工作要求

职业功能	工作内容	技能要求	相关知识
准备工作	（一）劳动保护用品准备、安全检查	1. 能按安全操作规程要求准备个人劳动保护用品 2. 能按规定进行场地、设备的安全检查 3. 能进行工量具及辅助用具的安全检查	1. 劳动保护用品的准备方法及步骤 2. 常用砌筑工量具及设备的安全检查方法

（续表）

职业功能	工作内容	技能要求	相关知识
准备工作	（二）砌筑材料准备	能正确选择砌筑材料、胶结材料和屋面材料	1. 砌筑材料和屋面材料的种类、规格、质量要求、性能及使用方法 2. 砌筑砂浆的配合比和技术性能基本知识
	（三）工量具准备	能正确选用砌筑工常用工量具	砌筑工常用工量具的种类、性能知识
砌筑阶段	（一）砌筑砖、石基础	1. 能正确进行一般条形基础的组砌 2. 能按施工图放线，垫层标高修正、摆底、收退（放脚）、正墙检查、抹防潮层等完成基础砌筑	1. 建筑工程施工图的识读知识 2. 砖石基础的构造知识 3. 基础大放脚砌筑工艺及操作要点 4. 基础大放脚的质量要求
	（二）砌清水墙角及细部	1. 能砌 6 m 以下清水墙角 2. 能砌墙垛、门窗垛、封山、出檐 3. 能按皮数杆预留洞、槽并配合立门、窗框	1. 砖墙的组砌形式 2. 6 m 以下清水墙角及细部的砌筑工艺和操作要点 3. 清水砖墙角及细部的质量要求
	（三）砌清水墙，砌块墙	1. 能正确组砌清水砖墙 2. 能正确组砌砌块墙 3. 能较好地勾灰缝 4. 能按规定摆放木砖，配合立门、窗框	1. 砌筑脚手架和安全操作规程的基本知识 2. 砌筑清水墙、砌块墙的工艺知识和操作要点 3. 清水墙、砌块墙的质量标准
	（四）砌砖旋和钢筋砖过梁	能砌混水平旋、拱旋和钢筋砖过梁	1. 平旋、拱旋及钢筋砖过梁的构造知识 2. 平旋、拱旋及钢筋砖过梁的砌筑工艺和操作要点及质量要求

（续表）

职业功能	工作内容	技能要求	相关知识
砌筑阶段	（五）砌毛石墙	1. 能正确组砌毛石墙 2. 能勾抹墙缝	1. 毛石墙的构造知识 2. 毛石墙的材料知识 3. 毛石墙的砌筑工艺及操作要点 4. 毛石墙的质量要求
	（六）砌一般家用炉灶	1. 能砌筑一般家用炉灶 2. 能进行试火检验	1. 一般家用炉灶的构造知识 2. 一般家用炉灶的砌筑工艺和操作要点 3. 一般家用炉灶的质量要求
	（七）铺砌地面砖	能铺砌各种地砖及其他材地面	1. 楼地面的构造知识 2. 地砖及块材的种类、规格、性能及质量要求 3. 地砖及块材地面的砌筑工艺及操作要点
	（八）挂、铺屋面瓦	1. 能铺挂屋面平瓦 2. 能铺阴阳瓦，做平瓦斜沟、屋脊（包括砍、锯）	1. 屋面瓦的种类及规格 2. 瓦屋面的构造知识 3. 瓦屋面的铺筑工艺及操作要点
	（九）铺设下水道，砌化粪池、窨井	1. 能按设计要求进行找坡，铺设下水道支、干管 2. 能砌化粪池和窨井 3. 能按设计要求对化粪池、窨井进行找平抹灰	1. 化粪池、窨井的构造知识 2. 排水管道的种类、规格 3. 化粪池、窨井的砌筑工艺及操作要点 4. 化粪池、窨井的质量要求
工具的使用与维护	常用检测工具的使用与维护	1. 能正确地使用水平尺、托线板、线锤、钢卷尺等 2. 能正确使用塞尺、百格网、阴阳角方尺等并能对其进行检测 3. 能够对常用检测工具进行正常的维护和保养	检测工具的种类、规格构造、使用方法及适用范围

二、中级砌筑工的工作要求

中级砌筑工的工作要求，见表 2-2。

表 2-2 中级砌筑工的工作要求

职业功能	工作内容	技能要求	相关知识
砌筑阶段	（一）砌砖、石基础	能正确进行各种较复杂砖石基础大放脚的组砌	1. 建筑工程施工图（含较复杂的施工图）的识读 2. 各种砖、石基础的构造知识与材料要求
	（二）砌清水墙角及细部	1. 能砌 6 m 以上清水墙角 2. 能砌清水方柱（含各种截面尺寸） 3. 能砌拱旋、腰线、柱墩及各种花棚和栏杆	1. 清水墙的材料要求 2. 各种材料及规格墙体的组砌方式 3. 清水墙角、清水方柱及细部的砌筑工艺及操作要点 4. 清水墙角、清水方柱的质量要求
	（三）砌混水圆柱和异形墙	1. 能砌混水圆柱 2. 能按设计要求正确组砌多角形墙、弧形墙	1. 混水圆柱、多角形墙、弧形墙的砌筑工艺及操作要点 2. 混水圆柱、多角形墙、弧形墙的质量要求
	（四）砌空斗墙、空心砖墙和各种块墙	1. 能正确组砌各种类型的空斗墙、空心砖墙和块墙 2. 能按皮数杆预留洞槽并配合立门、窗框	1. 各种新型砌体材料的性能、特点、使用方法 2. 各种类型空斗墙、空心砖墙、块墙的组砌方式与构造知识 3. 空斗墙、空心砖墙、块墙的砌筑工艺及操作要点 4. 砌筑工程冬雨期施工的有关知识 5. 空斗墙、空心砖墙和砌块墙的质量要求
	（五）砌毛石墙	能砌筑各种厚度的毛石墙和毛石墙角	1. 毛石墙角构造与材料要求 2. 毛石墙角的质量要求

（续表）

职业功能	工作内容	技能要求	相关知识
砌筑阶段	（六）异形砖的加工及清水墙勾缝	1. 能砍、磨各种异形砖块 2. 能进行清水墙勾缝时的开缝和做假砖	1. 异形砖的放样、计算知识 2. 异形砖砍、磨的操作要点 3. 清水墙勾缝的工艺顺序及质量要求
	（七）铺砌地面和乱石路面	1. 能根据地面砖的类型正确选择砖地面的结合材料 2. 能进行各种地面砖地面的摆砖组砌 3. 能按设计和施工工艺要求铺砌乱石路面	1. 地面砖的种类、规格性能及质量要求 2. 楼地面的构造知识 3. 各种砖地面的铺筑工艺知识及操作要点 4. 乱石路面的铺筑工艺及操作要点 5. 地砖地面的质量要求
	（八）铺筑瓦屋面	1. 能铺筑筒瓦屋面 2. 能铺筑阴阳瓦的斜沟 3. 能铺筑筒瓦的简单正脊和垂脊	1. 屋面瓦的种类、规格性能及质量标准 2. 瓦屋面的构造和施工知识 3. 瓦屋面的铺筑工艺及操作要点
	（九）砌砖拱	1. 能砌筑单曲砖拱屋面 2. 能砌筑双曲砖拱屋面	1. 拱的力学知识简介 2. 拱屋面的构造知识 3. 拱体的砌筑工艺、操作要点及质量要求
	（十）砌锅炉座、烟道、大炉灶	1. 能砌筑锅炉底座 2. 能砌筑食堂大炉灶 3. 能砌筑简单工业炉窑	1. 食堂大炉灶及一般工业炉窑的材料及构造知识 2. 工业炉窑、大炉灶施工图的识读 3. 大炉灶、一般工业炉窑的砌筑工艺及操作要点 4. 大炉灶、一般工业炉窑的质量标准

（续表）

职业功能	工作内容	技能要求	相关知识
砌筑阶段	（十一）砌砖烟囱、烟道和水塔	1. 能按设计和施工要求正确组砌方、圆烟囱及烟道 2. 能按设计和施工要求正确组砌水塔	1. 烟囱、烟道及水塔的构造、做法与材料要求 2. 烟囱、烟道及水塔施工图的识读 3. 烟囱、烟道的砌筑工艺及操作要点 4. 水塔的砌筑工艺及操作要点 5. 烟囱、烟道及水塔的质量要求
	（十二）工料计算	1. 能按图进行工程量计算 2. 能正确地使用劳动定额进行工料计算	劳动定额的基本知识
工具的使用与维护	常用检测工具的使用与维护方法	1. 能正确使用水准仪、水准尺、水平尺 2. 能正确使用大线锤、引尺架、坡度量尺、方尺等	常用检测工具的使用方法和适应范围

三、高级砌筑工的工作要求

高级砌筑工的工作要求，见表 2-3。

表 2-3 高级砌筑工的工作要求

职业功能	工作内容	技能要求	相关知识
准备工作	（一）安全检查	能够按安全规程要求进行场地、设备工量具的安全检查	本工种安全操作规程
	（二）砌筑材料准备	1. 能按设计和要求进行本职业各类建筑材料的准备 2. 能按要求正确地选择各类砌体材料和胶接材料	砌筑材料的种类、性能、质量要求及适用范围

（续表）

职业功能	工作内容	技能要求	相关知识
准备工作	（三）工量具准备	1. 能对本职业范围内的检测仪器进行调试 2. 能排除本职业范围内检测仪器的常见故障	1. 本职业一般仪器的构造性能、调试及操作方法 2. 常见故障产生的原因及排除方法
砌筑阶段	（一）铺筑瓦屋面	1. 能铺筑复杂的筒瓦屋面 2. 能做复杂筒瓦屋面的屋脊和垂脊 3. 能正确选用筒瓦和拌制灰浆	1. 古建筑的一般知识 2. 古建筑瓦的种类及规格 3. 古建筑屋面的构造知识 4. 筒瓦屋面、屋脊、垂脊的铺砌工艺、操作要点及质量要求
	（二）砖雕工艺	1. 能够砖雕各种花纹、图案、阴阳字体 2. 能正确选择雕刻用砖	1. 古建筑的装饰工艺知识 2. 雕刻工艺知识
	（三）磨砖（砖细）工艺	1. 能做墙面砌筑门口、门窗套、细砖漏窗等 2. 能按要求对砖料进行各种形状的加工 3. 能制作特殊皮数杆	刨、锯、磨、削工艺基本知识
	（四）铺筑地墁	1. 能计算砖的块数并确定其铺排形式 2. 能进行古建筑室内砖墁地面的基层处理 3. 能铺古建筑室内砖墁地面	1. 砖墁地面的铺排方式 2. 砖料的加工知识
	（五）技能传授	1. 能传授砖砌、摆砖技术 2. 能传授使用皮数杆、方正、盘角的技术 3. 能传授发旋砖数的计算及双曲砖拱的砌筑技术	各类砌筑工艺知识

（续表）

职业功能	工作内容	技能要求	相关知识
砌筑阶段	（六）编制施工方案并组织施工	1. 能选择合理的砌筑施工方案 2. 能根据施工方案合理布置施工现场并组织劳动力进行分段分层流水施工 3. 能编制砌筑工程的组砌方法及主要技术措施	1. 施工组织设计的基本知识 2. 各部分工程的施工顺序及流水段划分知识 3. 本工种施工方案的编制知识
工具的使用与维护	检测、测量工具的使用	能使用各种检测工具相对应工程部位进行检测	1. 检测和测量工具的使用与维护知识 2. 房屋测量放线基本知识

第四节　建筑工人素质要求

建设工程技术人员的职业道德规范，与其他岗位相比更具有独特的内容和要求，这是由建设施工企业所生产创造的产品特点决定的。建设企业的施工行为是开放式的，从开工到竣工，现场施工人员的一举一动都通过建设项目产生社会影响。在施工过程中，某道工序、某项材料、某个部位的质量疏忽，会直接影响今后整个工程的正常推进。因此，其质量意识必须比其他行业更强，要求更高，且建设施工企业“重合同、守信用”的信誉度要求比一般行业都高。由此可见，建设行业的特点决定了建设施工企业道德建设的特殊性和严谨性，建设工程技术人员的职责要求也更高。

建设工程技术人员职业道德的高低，也呈现在对岗位责任的表现上，一个职业道德高尚的人，必定也是一个对岗位职责认真履行的人。

一、加强技术人员职业道德建设的重要性

建设工程技术人员的职业道德具有与其行业相符的特殊要求，因此其重要性显得尤为突出。在市场经济条件下，企业要在激烈的市场竞争中站稳脚跟，就必须要进行职业道德建设。企业的生存和发展在任何条件下，都需要多找任务、找好任务，最重要的一条，是尽可能地满足业主要求，做到质量优、服务好、信誉高，这样才能在市场上占领更大的份额。职业道德是建设施工企业参与市场竞争的“入场券”，企业信誉来源于每个职工的技术素质和对施工质量的重视，以及企业职工职业道德的水平。由此可见，企业职工个人的职业道德是企业职业道德的基础，只有职工的道德水平提高了，整个企业的道德水平才能提高，企业才能在市场上赢得赞誉。

二、制定有行业特色的职业道德规范

《中共中央关于加强社会主义精神文明建设若干重要问题的决议》为规范职业道德明确提出了“爱岗敬业、诚实守法、办事公道、服务群众、奉献社会”的二十字方针，这是社会主义企业职业道德规范的总纲。各行各业在制定自己的职业道德规范时，必须要蕴含有行业的鲜明特色和独有的文化氛围。

建设施工行业作为主要承担建设的单位，有着不同于其他企业的行业特点。因此，建设施工行业制定行业道德规范时，除了“敬业、勤业、精业、乐业”以及岗位规范等内容外，还必须重点突出将质量意识放置首位、弘扬吃苦耐劳精神和集体主文观念、突出廉洁自律意识。

三、加强职业道德的环境建设

营造良好的企业文化氛围，全面提高职工的职业道德水平，对建设行业来说有着非常重要的意义，企业的内部环境直接影响职工的职业道德水平。古人云：“近墨者黑，近朱者赤。”营造良好的职业道德氛围可以从加强企业精神文明建设、树立企业先进人物模范、建立企业职工培训机制、大力开展各种创建活动几个方面入手。

四、施工技术人员职业道德规范细则

1. 热爱科技，献身事业

树立“科技是第一生产力”的观念，敬业爱岗，勤奋钻研，追求新知，掌握新技术、新工艺，不断更新业务知识，拓宽视野，忠于职守，辛勤劳动，为企业的振兴与发展贡献自己的力量。

2. 深入施工实际现场，勇于攻克难题

深入基层，深入现场，理论和实际相结合，科研和生产相结合，把施工生产中的难点作为工作重点，知难而进，百折不挠，不断解决施工生产中的技术难题，提高生产效率和经济效益。

3. 一丝不苟，精益求精

牢固确立精心工作、求实认真的工作作风。施工中严格执行建设技术规范，认真编制施工组织设计，做到技术上精益求精，工程质量上一丝不苟，为用户提供合格建设产品，积极推广和运用新技术、新工艺、新材料、新设备，大力发展建设高科技，不断提高建设科学技术水平。

4. 以身作则，培育新人

谦虚谨慎，尊重他人，善于合作共事，搞好团结协作，既当好科学技术带头人，又甘当铺路石，培育科技事业的接班人，大力做好施工科技知识在职工中的普及工作。

5. 严谨求实，坚持真理

培养严谨求实，坚持真理的优良品德，在参与可行性研究时，坚持真理，实事求是，协助领导科学地决策；在参与投标时，从企业实际出发，以合理造价和合理工期进行投标；在施工中严格执行施工程序、技术规范、操作规程和质量安全标准。

第三章

砌筑工常用材料及工具

第一节　砌筑常用材料

一、常用砂浆

1. 砌筑砂浆

（1）水泥。水泥宜采用通用硅酸盐水泥或砌筑水泥，且应符合《通用硅酸盐水泥》（GB 175—2007）和《砌筑水泥》（GB/T 3183—2017）的规定。水泥强度等级应根据砂浆品种及强度等级的要求进行选择。M15 及以下强度等级的砌筑砂浆宜选用 32.5 级的通用硅酸盐水泥或砌筑水泥；M15 以上强度等级的砌筑砂浆宜选用 42.5 级通用硅酸盐水泥。

（2）砂。砂宜选用中砂，并应符合《普通混凝土用砂、石质量及检验方法标准》（JGJ 52—2006）的规定，且应全部通过 4.75 mm 的筛孔。

（3）砌筑砂浆用石灰膏、电石膏。生石灰熟化成石灰膏时，应用孔径不大于 3 mm×3 mm 的网过滤，熟化时间不得少于 7 d；磨细生石灰粉的熟化时间不得少于 2 d。沉淀池中储存的石灰膏，应采取防止干燥、冻结和污染的措施。严禁使用脱水硬化的石灰膏。

制作电石膏的电石渣应用孔径不大于 3 mm×3 mm 的网过滤，检验时应加热至 70℃后至少保持 20 min，并应待乙炔挥发完后再使用。

消石灰粉不得直接用于砌筑砂浆中。石灰膏、电石膏试配时的稠度应为（120＋5）mm。

（4）掺和料。粉煤灰、粒化高炉矿渣粉、天然氟石粉应分别符合《用于水泥和混凝土中的粉煤灰》(GB/T 1596—2017)、《用于水泥、砂浆和混凝土中的粒化高炉矿渣粉》(GB/T 18046—2017)、《高强高性能混凝土用矿物外加剂》(GB/T 18736—2017)的规定。当采用其他品种矿物掺和料时，应有可靠的技术依据，并应在使用前进行试验验证。

(5) 外加剂。外加剂应符合标准规定，引气型外加剂还应有完整的形式检验报告。

(6) 水。拌制砂浆用水应符合《混凝土用水标准》(JGJ 63—2006) 的规定。

2. 预拌砂浆

(1) 水泥。宜采用硅酸盐水泥、普通硅酸盐水泥，且应符合相应标准的规定。采用其他水泥时应符合相应标准的规定。

水泥进场时应具有质量证明文件。对进场水泥应按标准的规定按批进行复验，复验合格后方可使用。

(2) 集料。细集料应符合《普通混凝土用砂、石质量及检验方法标准》(JGJ 52—2006) 及其他标准的规定，且不应含有公称粒径大于 5 mm 的颗粒。

细集料进场时应具有质量证明文件。对进场细集料应按《普通混凝土用砂、石质量及检验方法标准》(JGJ 52—2006) 等标准的规定按批进行复验，复验合格后方可使用。

轻集料应满足相关标准的要求或有充足的技术依据，并应在使用前进行试验验证。

(3) 矿物掺和料。粉煤灰、粒化高炉矿渣粉、硅灰应分别符合《用于水泥和混凝土中的粉煤灰》(GB/T 1596—2017)、《用于水泥、砂浆和混凝土中的粒化高炉矿渣粉》(GB/T 18046—2017)、《高强高性能混凝土用矿物外加剂》(GB/T 18736—2017)的规定。当采用其他品种矿物掺和料时，应有充足的技术依据，并应在使用前进行试验验证。

矿物掺和料进场时应具有质量证明文件，并按有关规定进行复验，其掺量应符合有关规定并通过试验确定。

(4) 外加剂。外加剂应符合《混凝土外加剂》(GB 8076—

2008）等标准的规定。

外加剂进场时应具有质量证明文件。对进场外加剂应按批进行复验，复验项目应符合相应标准的规定，复验合格后方可使用。

（5）保水增稠材料。使用保水增稠材料时，必须有充足的技术依据，并应在使用前进行试验验证。用于砌筑砂浆的应符合《砌筑砂浆增塑剂》（JG/T 164—2004）的规定。

（6）添加剂。可再分散胶粉、颜料、纤维等应满足相关标准的要求或有充足的技术依据，并应在使用前进行试验验证。

二、常用砖

1. 烧结普通砖

（1）分类。烧结普通砖按主要原料可分为黏土砖（N）、页岩砖（Y）、煤矸石砖（M）和粉煤灰砖（F）。

（2）等级。

①根据抗压强度分为 MU30、MU25、MU20、MU15、MU10 五个强度等级。

②强度、抗风化性能和放射性物质合格的砖，根据尺寸偏差、外观质量、泛霜和石灰爆裂分为优等品（A）、一等品（B）、合格品（C）三个质量等级。

优等品适用于清水墙和装饰墙，一等品、合格品可用于混水墙。中等泛霜的砖不能用于潮湿部位。

（3）规格。砖的外形为直角六面体，其公称尺寸为长 240 mm、宽 115 mm、高 53 mm。

常用配砖规格为 175 mm×115 mm×53 mm，装饰砖的主规格同烧结普通砖，配砖、装饰砖的其他规格由供需双方协商确定。

（4）产品标记。砖的产品标记按产品名称、类别、强度等级、质量等级和标准编号顺序编写。

示例：烧结普通砖，强度等级 MU15，一等品的黏土砖，其标记为烧结普通砖　N　MU15　B　GB 5101。

2. 蒸压灰砂多孔砖

（1）规格。蒸压灰砂多孔砖的规格及公称尺寸见表 3-1。孔洞采用圆形或其他孔形，孔洞应垂直于大面。

表 3-1 蒸压灰砂多孔砖的规格及公称尺寸 (单位：mm)

长	宽	高
240	115	90
240	115	115

注：1. 经供需双方协商可生产其他规格的产品。
2. 对于不符合本表尺寸的砖，用长×宽×高的尺寸来表示。

(2) 等级。

①按抗压强度分为 MU30、MU25、MU20、MU15 四个等级。

②按尺寸允许偏差和外观质量将产品分为优等品 (A) 和合格品 (C)。

(3) 标记。按产品名称、规格、强度等级、产品等级、标准编号的顺序标记。

示例：强度等级为 15 级，优等品，规格尺寸为 240 mm×115 mm×90 mm 的蒸压灰砂多孔砖，标记为蒸压灰砂多孔砖 240×115×90 15 A JC/T 637。

3. 烧结多孔砖

(1) 分类。烧结多孔砖按主要原料分为黏土砖 (N)、页岩砖 (Y)、煤矸石砖 (M)、粉煤灰砖 (F)、淤泥砖 (U)、固体废弃物砖 (C)。

(2) 规格。砖和砌块的外形一般为直角六面体，在与砂浆的接合面上应设有增加结合力的粉刷槽和砌筑砂浆槽。砖的长度、宽度、高度尺寸应满足下列要求：290 mm、240 mm、190 mm、180 mm、140 mm、115 mm、90 mm。

(3) 等级。

①强度等级。根据抗压强度分为 MU30、MU25、MU20、MU15、MU10 五个强度等级。

②密度等级。砖的密度等级分为 1 000、1 100、1 200、1 300 四个等级。

(4) 标记。砖的产品标记按产品名称、品种、规格、强度等级、密度等级和标准编号顺序编写。

示例：规格尺寸 290 mm×140 mm×90 mm、强度等级 MU25、密度 1 200 级的黏土烧结多孔砖，其标记为烧结多孔砖 N 290×140×90 MU25 1200 GB 13544。

4. 粉煤灰砖

（1）规格。砖的外形为直角六面体，其公称尺寸：长 240 mm、宽 115 mm、高 53 mm。

（2）等级。强度等级分为 MU30、MU25、MU20、MU15、MU10。

质量等级根据尺寸偏差、外观质量、强度等级和干燥收缩分为优等品（A）、一等品（B）和合格品（C）。

（3）产品标记。粉煤灰砖产品标记按产品名称（FB）、颜色、强度等级、质量等级、标准编号顺序编写。

示例：强度等级为 20 级，优等品的彩色粉煤灰砖标记为 FB Co 20 A JC 239。

5. 烧结空心砖

（1）类别。按主要原料分为黏土砖（N）、页岩砖（Y）、煤矸石砖（M）、粉煤灰砖（F）。

（2）规格。砖的外形为直角六面体，其长度、宽度、高度尺寸应满足下列要求：390 mm、290 mm、240 mm、190 mm、180（175）mm、140 mm、115 mm、90 mm。

（3）等级。抗压强度分为 MU10.0、MU7.5、MU5.0、MU3.5、MU2.5。

体积密度分为 800 级、900 级、1 000 级、1 100 级。

强度、密度、抗风化性能和放射性物质合格的砖与砌块，根据尺寸偏差、外观质量、孔洞排列及其结构、泛霜、石灰爆裂、吸水率分为优等品（A）、一等品（B）和合格品（C）三个质量等级。

（4）产品标记。砖的产品标记按产品名称、类别、规格、密度等级、强度等级、质量等级和标准编号顺序编写。

示例：规格尺寸 290 mm×190 mm×90 mm、密度等级 800、强度等级 MU7.5、优等品的页岩空心砖，其标记为烧结空心砖

Y　290×190×90　800　MU7.5　A　GB 13545。

三、常用砌块

1. 普通混凝土小型空心砌块

(1) 等级。

①按其尺寸偏差、外观质量分为优等品（A)、一等品（B）和合格品（C)。

②按其强度等级可分为 MU3.5、MU5.0、MU7.5、MU10.0、MU15.0、MU20.0。

(2) 标记。按产品名称（代号 NHB)、强度等级、外观质量等级和标准编号顺序编写。

示例：强度等级为 MU7.5，外观质量为优等品（A）的砌块，其标记为 NHB　MU7.5　A　GB 8239。

2. 轻集料混凝土小型空心砌块

(1) 类别。按砌块孔的排数分为单排孔、双排孔、三排孔、四排孔等。

(2) 规格尺寸。主规格尺寸的长×宽×高为 390 mm×190 mm×190 mm。其他规格尺寸可由供需双方商定。

(3) 等级。

①砌块密度等级分为八级：700、800、900、1 000、1 100、1 200、1 300、1 400。

除自燃煤矸石掺量不小于砌块质量 35%的砌块外，其他砌块的最大密度等级为 1 200。

②砌块强度等级分为五级：MU2.5、MU3.5、MU5.0、MU7.5、MU10.0。

(4) 标记。轻集料混凝土小型空心砌块（LB）按代号、类别（孔的排数)、密度等级、强度等级、标准编号顺序进行标记。

示例：符合轻集料混凝土小型空心砌块（GB/T 15229—2011)，双排孔，800 密度等级，3.5 强度等级的轻集料混凝土小型空心砌块标记为 LB　2　800　MU3.5　GB/T 15229。

3. 粉煤灰混凝土小型砌块

(1) 分类。按砌块孔的排数分为单排孔（1)、双排孔（2)

和多排孔（D）三类。

（2）规格。主规格尺寸为 390 mm×190 mm×190 mm，其他规格尺寸可由供需双方商定。

（3）等级。

①按砌块密度等级分为 600、700、800、900、1 000、1 200 和 1 400 七个等级。

②按砌块抗压强度分为 MU3.5、MU5、MU7.5、MU10、MU15 和 MU20 六个等级。

（4）标记。产品按下列顺序进行标记：代号（FHB）、分类、规格尺寸、密度等级、强度等级、标准编号。

示例：规格尺寸为 390 mm×190 mm×190 mm、密度等级为 800 级、强度等级为 MU5 的双排孔砌块的标记为 FHB　2　390×190×190　800　MU5　JC/T 862。

4. 蒸压加气混凝土砌块

（1）规格。砌块的规格尺寸见表 3-2。

表 3-2　砌块的规格尺寸　（单位：mm）

长度 L	宽度 B	高度 H
600	100、120、125、150、180、200、240、250、300	200、240、250、300

注：如需要其他规格，可由供需双方协商解决。

（2）等级。

①砌块按强度和干密度分级。强度级别有 A1.0、A2.0、A2.5、A3.5、A5.0、A7.5、A10 七个级别。

干密度级别有 B03、B04、B05、B06、B07、B08 六个级别。

②砌块等级。砌块按尺寸偏差、外观质量、干密度、抗压强度和抗冻性分为优等品（A）和合格品（B）两个等级。

（3）产品标记。示例：强度级别为 A3.5、干密度级别为 B05、优等品、规格尺寸为 600 mm×200 mm×250 mm 的蒸压加气混凝土砌块，其标记为 ACB　A3.5　B05　600×200×250　A

GB 11968。

5. 石膏砌块

(1) 分类。

①按石膏砌块的结构分类。

空心石膏砌块。带有水平或垂直方向预制孔洞的砌块，代号 K。

实心石膏砌块。无预制孔洞的砌块，代号 S。

②按石膏砌块的防潮性能分类。

普通石膏砌块。在成形过程中未做防潮处理的砌块，代号 P。

防潮石膏砌块。在成形过程中经防潮处理，具有防潮性能的砌块，代号 F。

(2) 规格。石膏砌块规格见表 3-3。若有其他规格，可由供需双方商定。

表 3-3 石膏砌块规格 (单位：mm)

项目	公称尺寸
长度	600、666
高度	500
厚度	80、100、120、150

(3) 标记。产品标记顺序为产品名称、类别代号、长度、高度、厚度、本标准编号。

示例：长×高×厚=666 mm×500 mm×100 mm 的空心防潮石膏砌块，标记为石膏砌块 KF 666×500×100 JC/T 698。

6. 装饰混凝土砌块

(1) 分类。

①按装饰效果分为彩色砌块、劈裂砌块、凿毛砌块、条纹砌块、磨光砌块、鼓形砌块、模塑砌块、露集料砌块、仿旧砌块。

②按用途分为砌体装饰砌块（代号 M_q）和贴面装饰砌块（代号 F_q）。

(2) 等级。

①砌体装饰砌块按抗压强度分为 MU10、MU15、MU20、

MU25、MU30、MU35、MU40 七个等级。

②装饰砌块按抗渗性分为普通型（P）和防水型（F）。

（3）规格。装饰砌块的基本尺寸见表 3-4。

表 3-4　装饰砌块的基本尺寸　　（单位：mm）

长度 L		390、290、190
宽度 B	砌体装饰砌块 M_q	290、240、190、140、90
	贴面装饰砌块 F_q	30～90
高度 H		190、90

注：其他规格尺寸可由供需双方商定。

（4）标记。产品按下列顺序进行标记：产品装饰效果名称、类型、规格尺寸（$L \times B \times H$）、强度等级、抗渗性、标准编号。

示例：规格尺寸 390 mm×190 mm×190 mm、强度等级为 MU10、防水型劈裂砌体装饰砌块的标记为劈裂砌块 M_q　390×190×190　MU10　P　JC/T 641—2008。

第二节　砌筑常用工具

一、手工工具

1. 砌筑工具

（1）大铲如图 3-1 所示。以桃形居多，是“三一”砌筑法的主要工具，主要用于铲灰、铺灰和刮灰，也可用于调和砂浆。

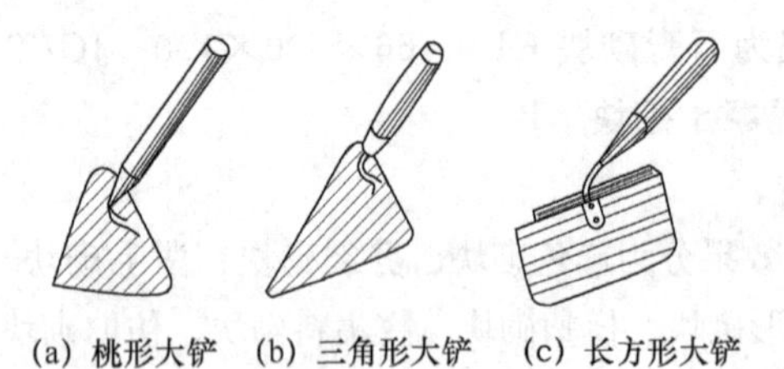

(a) 桃形大铲　(b) 三角形大铲　(c) 长方形大铲

图 3-1　大铲

（2）瓦刀如图 3-2（a）所示。又称泥刀，用于涂抹、摊铺砂浆，砍削砖块，打灰条、铺瓦，也可用于校准砖块位置。

（3）刨锛如图 3-2（b）所示。主要用于打砖或做小外向锤用。

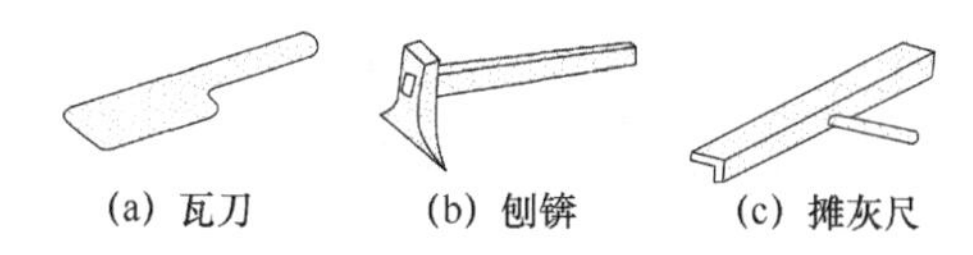

(a) 瓦刀　(b) 刨锛　(c) 摊灰尺

图 3-2　砌筑工具

（4）摊灰尺如图 3-2（c）所示。用于摊铺砂浆。

2. 其他工具

（1）砖夹子如图 3-3 所示。用于装卸砖块，避免对工人的手指和手掌造成伤害，由施工单位用直径为 16 mm 的钢筋锻造制成，一次可夹 4 块标准砖。

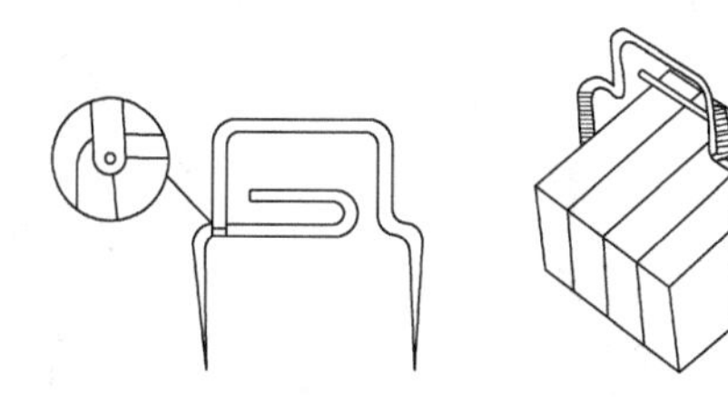

图 3-3　砖夹子

（2）筛子如图 3-4 所示。用于筛砂，筛孔直径有 4 mm、6 mm、8 mm 等数种。筛细砂可用铁纱窗钉在小木框上制成小筛。

（3）铁锹如图 3-5 所示。用于挖土、装车、筛砂。

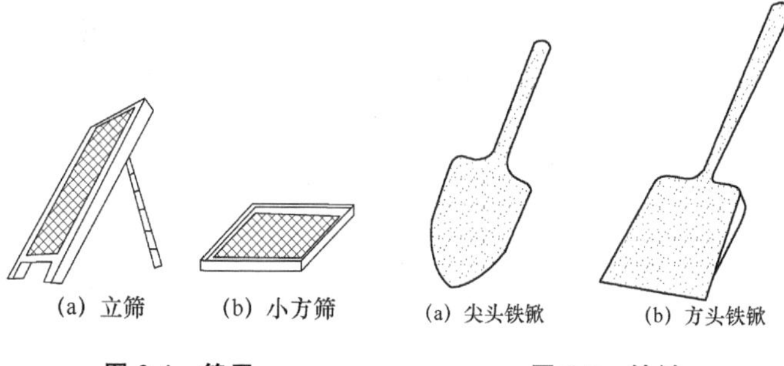

(a) 立筛　(b) 小方筛　(a) 尖头铁锹　(b) 方头铁锹

图 3-4　筛子　**图 3-5　铁锹**

（4）工具车如图 3-6 所示。用于运输砂浆和其他散装材料。轮轴宽度小于 900 mm，以便通过门樘。

（5）运砖车如图 3-7 所示。施工单位自制，用于运输砖块，

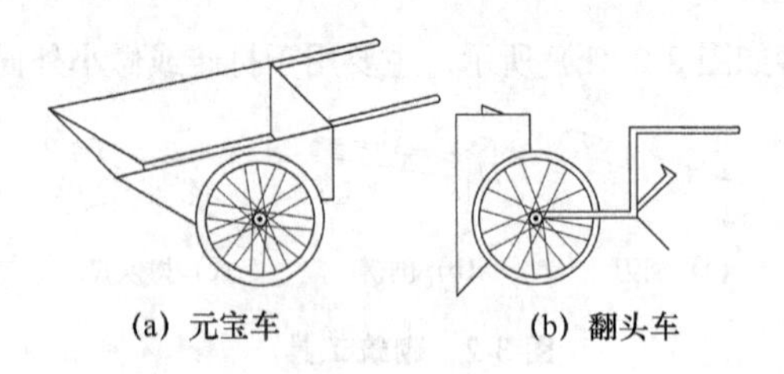

图 3-6　工具车

可用于砖垛多次转运，以减少破损。

（6）砖笼如图 3-8 所示。用塔式起重机吊运时，罩在砖块外面的安全罩。施工时，在底板上先码好一定数量的砖，然后把砖笼套上并固定，再起吊到指定地点。如此周转使用。

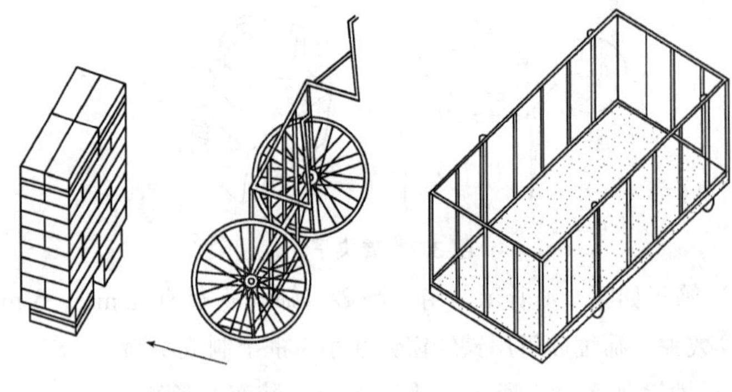

图 3-7　运砖车　　图 3-8　砖笼

（7）料斗如图 3-9 所示。塔式起重机施工时吊运砂浆的工具，当砂浆吊运到指定地点后，打开启闭口，将砂浆放入储灰槽内。

（8）灰槽如图 3-10 所示。供砖瓦工存放砂浆用，用 1～2 mm 厚的薄钢板制成，适用于“三一”砌筑法。

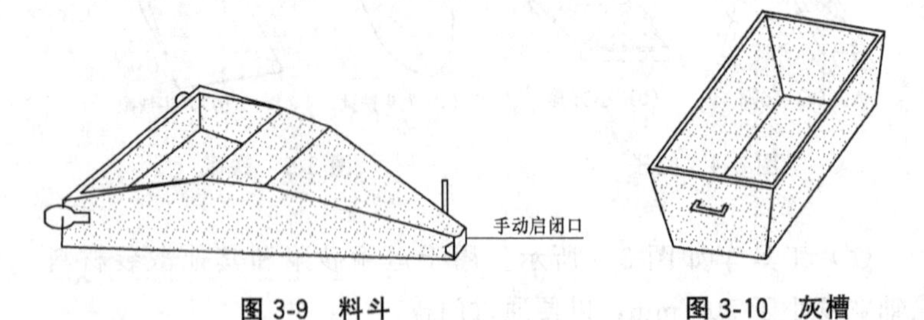

图 3-9　料斗　　图 3-10　灰槽

（9）灰桶如图 3-11 所示。供短距离传递砂浆及瓦工临时储存砂浆，分木制、铁制、橡胶制三种，大小以装 10～15 kg 砂浆为宜，披灰法及摊尺法操作时用。

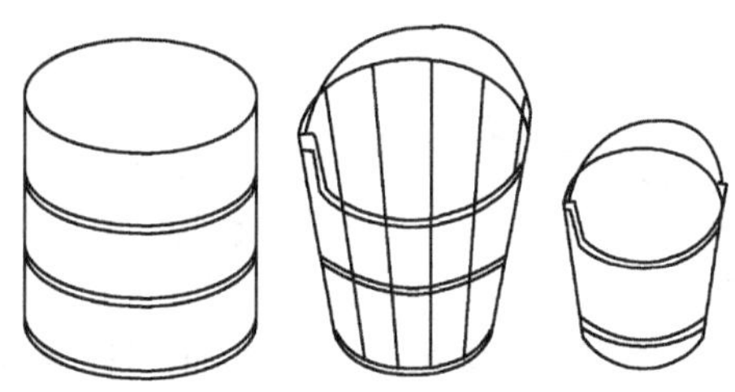

图 3-11　灰桶

（10）溜子又称勾缝刀，如图 3-12 所示。用 $\phi 8$ 钢筋打扁安装木把或用 0.5～1 mm 厚的钢板制成，用于清水墙、毛石墙勾缝。

（11）托灰板如图 3-13 所示。用不易变形的木材制成，用于承托砂浆。

（12）抿子如图 3-14 所示。用 0.8～1 mm 厚的钢板制成，并铆上执手安装木柄，用于石墙抨缝勾缝。

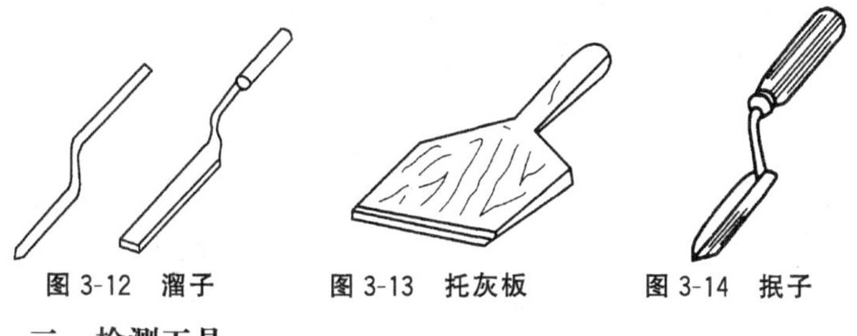

图 3-12　溜子　　图 3-13　托灰板　　图 3-14　抿子

二、检测工具

（1）钢卷尺如图 3-15 所示。砌筑工操作宜选用 2 m 的钢卷尺。钢卷尺应选用有生产许可证的厂家生产的产品。钢卷尺主要用于量测轴线的尺寸、位置，墙长、墙厚，以及门窗洞口尺寸、预留洞位置尺寸等。

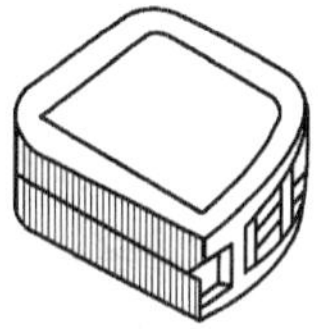

图 3-15　钢卷尺

（2）托线板和线锤如图 3-16 所示。托线板又称靠尺板，用于检查墙面垂直度和平整度。由施工单位用木材自制，长 1.2～1.5 m。线锤用于吊挂测垂直度，主要与托线板配合使用。

（3）塞尺如图 3-17 所示。塞尺与托线板配合使用，用于测定墙、柱的垂直度、平整度偏差。塞尺上每一格表示厚度方向为 1 mm。

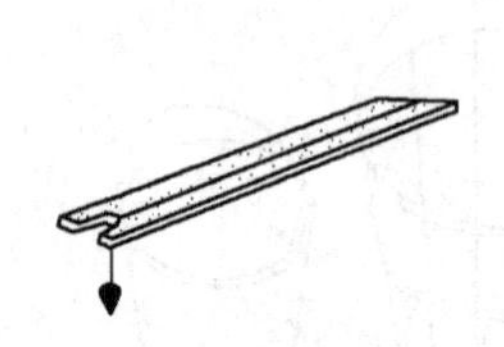

图 3-16　托线板和线锤

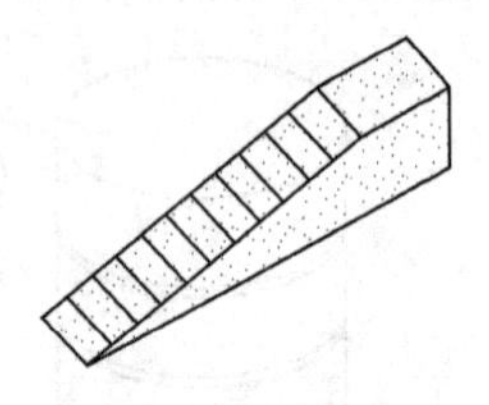

图 3-17　塞尺

（4）水平尺和准线如图 3-18 所示。用铁和铝合金制成，中间镶嵌玻璃水准管，用于检查砌体水平位置的偏差。准线是指砌墙时拉的细线，一般使用直径为 0.5～1 mm 的小白线、麻线、尼龙线或弦线，用于砌体砌筑时拉水平。另外，也可用于检查水平缝的平直度。

（5）百格网如图 3-19 所示。用于检查砌体水平灰缝砂浆饱满度的工具。可用钢丝编制锡焊而成，也有在有机玻璃上画格而成的，其规格为一块标准砖的大面尺寸，将其长度方向各分成 10 格，画成 100 个小格，故称百格网。

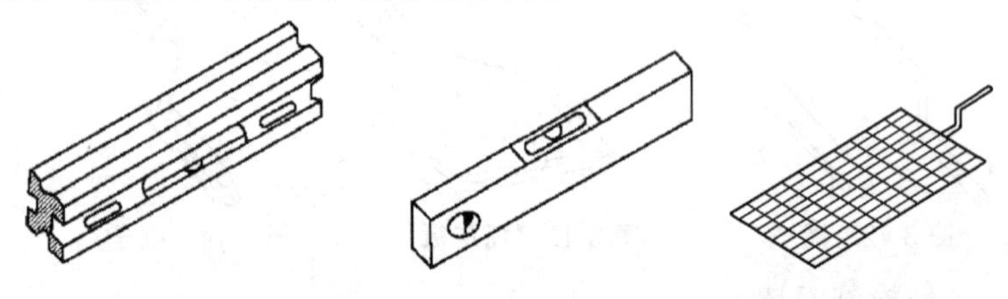

图 3-18　水平尺和准线　　　　图 3-19　百格网

（6）方尺如图 3-20 所示。用木材制成边长为 200 mm 的 90° 角尺，有阴角和阳角两种，用于检查砌体转角的方整程度。

（7）龙门板如图 3-21 所示。龙门板是在房屋定位放线后，砌筑时定轴线、中心线的标志。施工定位时一般要求板顶面的高程即为建筑物的相对标高±0.000。在板上画出轴线位置，以画“中”字示意，板顶面还要钉一根 20～25 mm 长的钉子。

（8）皮数杆如图 3-22 所示。皮数杆是砌筑砌体在高度方向的基数。皮数杆分为基础用和地上用两种。

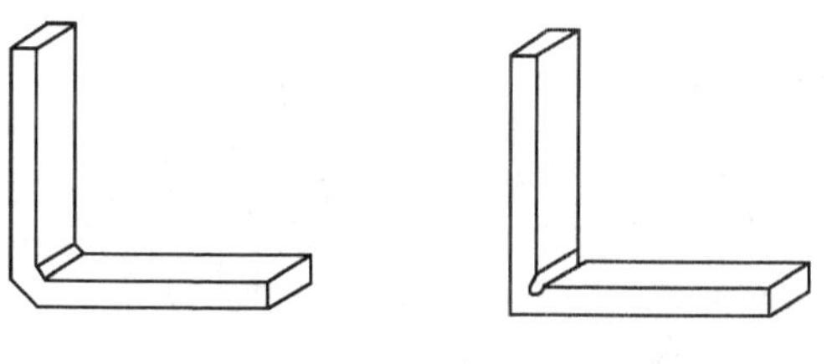

图 3-20　方尺

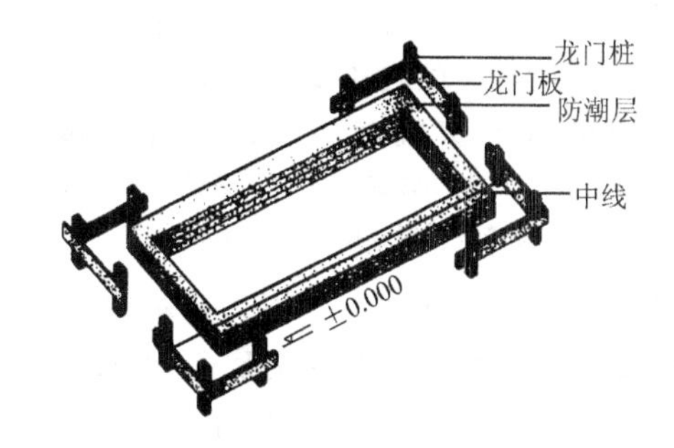

图 3-21　龙门板

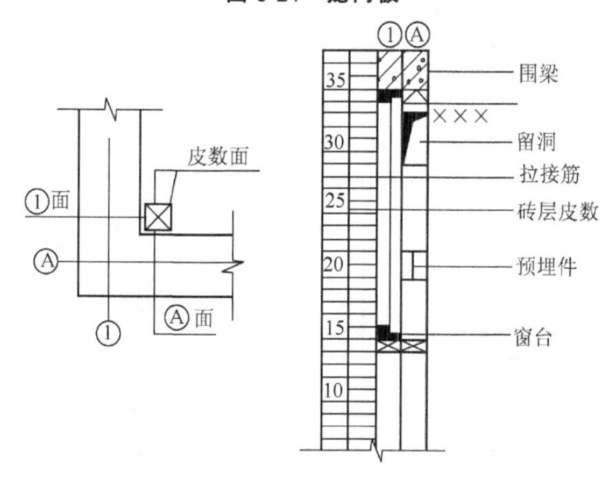

图 3-22　皮数杆

三、测量放线工具

（1）DS_3型微倾式水准仪。DS_3型微倾式水准仪如图 3-23 所示，主要由望远镜、水准器和基座三部分组成。

（2）水准尺。水准尺由干燥的优质木材、玻璃钢或铝合金等材料制成。水准尺分为双面尺和塔尺，如图 3-24 所示。双面尺如图 3-24（a）所示，长度为 3 m，是不能伸缩和折叠的板尺，且两

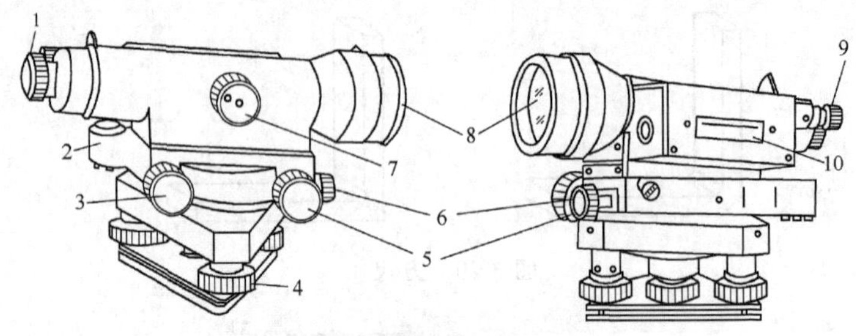

图 3-23　DS_3型微倾式水准仪

1—目镜对光螺旋；2—圆水准器；3—微倾螺旋；4—脚螺旋；
5—微动螺旋；6—制动螺旋；7—对光螺旋；8—物镜；
9—水准管气泡观察窗；10—管水准器

根尺为一对，尺的两面均有刻画，尺的正面是黑色注记，反面为红色注记，因此又称红黑面尺。黑面的底部都从零开始，而红面的底部一般是一根为 4.687～7.687 m，另一根为 4.787～7.787 m，利用黑、红面尺尺底的零点之差（4.687 m或4.787 m）可对水准测量的读数进行检核。塔尺如图 3-24（b）所示，一般用于精度要求不高的等外水准测量，长度多为 3 m 和 5 m 两种，可以伸缩，尺面分为 1 cm 和0.5 cm两种，每分米处注有数字，每米处也注有数字或以红黑点表示数，尺底为零。

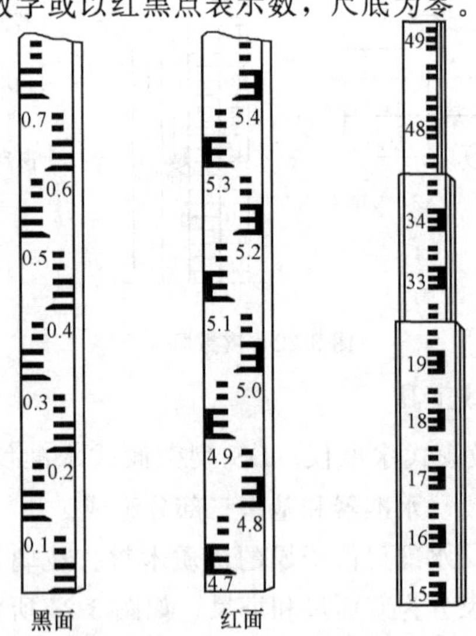

(a) 双面尺　　(b) 塔尺

图 3-24　水准尺

（3）尺垫。尺垫由三角形的铸铁制成，上部中央有一凸起的半球体，如图 3-25 所示。为保证在水准测量过程中转点的高程不变，可将水准尺放在半球体的顶端。尺垫仅在转点处放置以供立水准尺使用，起到临时传递高程的作用。

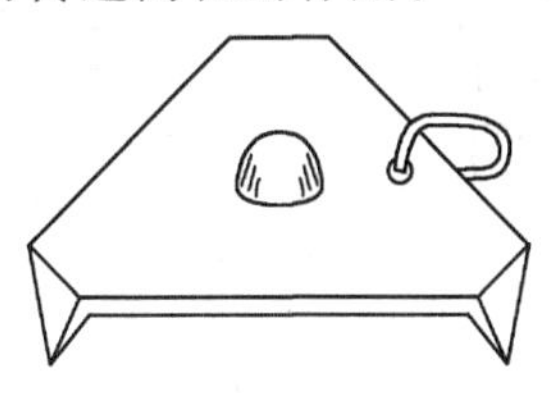

图 3-25　尺垫

（4）光学经纬仪。工程上常用的光学经纬仪有 J6 型、DJ2 型两类，如图 3-26、图 3-27 所示。

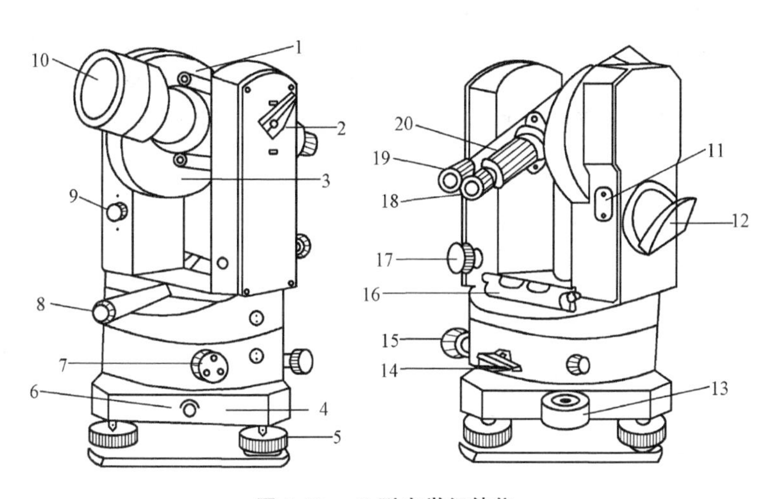

图 3-26　J6 型光学经纬仪

1—粗瞄器；2—望远镜制动螺旋；3—竖盘；4—基座；5—脚螺旋；6—固定螺旋；7—度盘变换手轮；8—光学对中器；9—自动归零旋钮；10—望远镜物镜；11—指标差调位盖板；12—反光镜；13—圆水准器；14—水平制动螺旋；15—水平微动螺旋；16—照准部水准管；17—望远镜微动螺旋；18—望远镜目镜；19—读数显微镜；20—对光螺旋

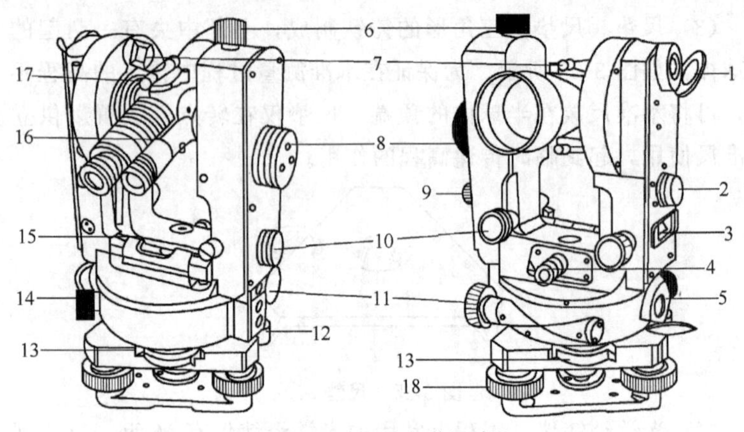

图 3-27 DJ2 型光学经纬仪

1—竖盘反光镜；2—竖盘指标水准管观察镜；3—竖盘指标水准管微动螺旋；4—光学对中器目镜；5—水平度盘反光镜；6—望远镜制动螺旋；7—光学瞄准器；8—测微轮；9—望远镜微动螺旋；10—换像手轮；11—水平微动螺旋；12—水平度盘变换手轮；13—中心锁紧螺旋；14—水平制动螺旋；15—照准部水准管；16—读数显微镜；17—望远镜反光板手轮；18—脚螺旋

第四章

砌筑工基础知识

第一节　房屋构造

房屋建筑一般由基础、墙（或柱）、楼地层、楼梯、屋顶和门窗等组成，如图 4-1 所示。

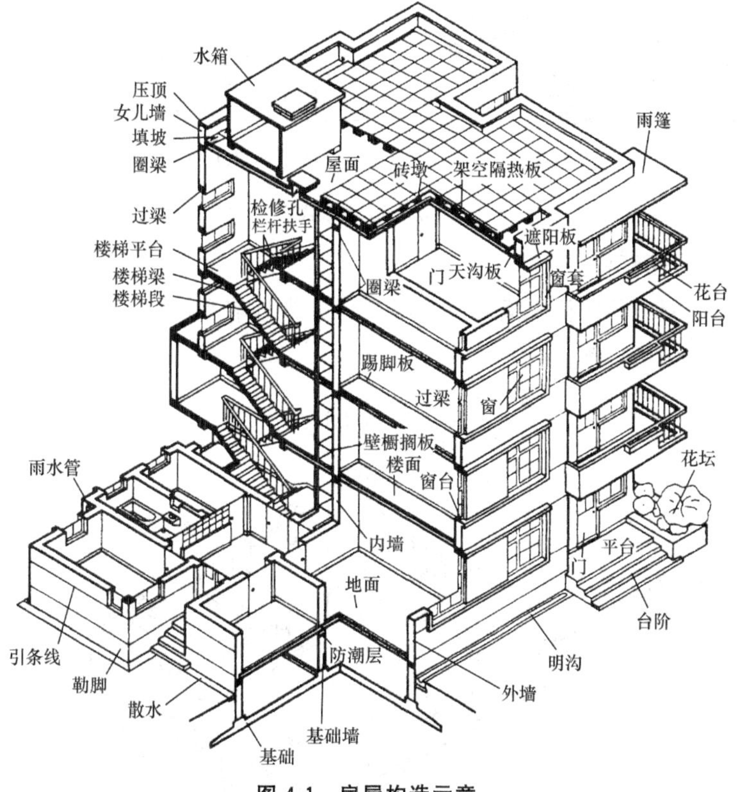

图 4-1　房屋构造示意

一、基础

基础是房屋建筑中承受整个建筑物荷载的构件，并把这些荷

载传给地基。一般基础的形式可分为条形基础、独立基础、桩基础、筏板基础、箱型基础等，如图 4-2 所示。

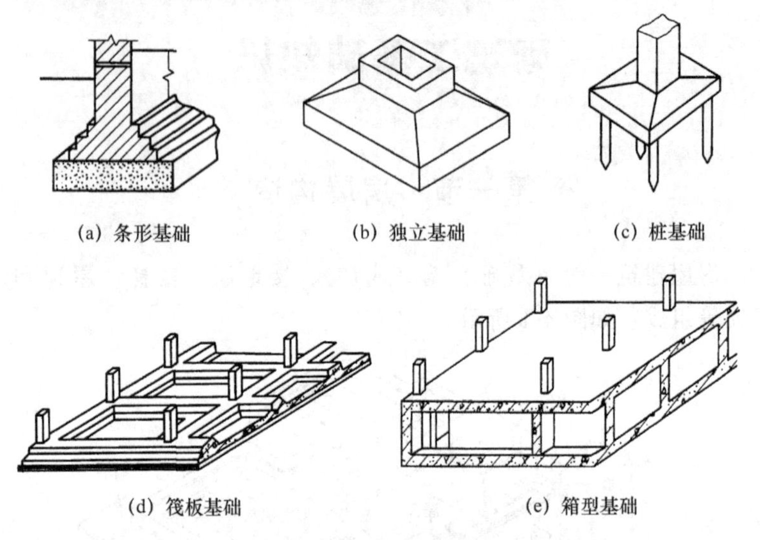

(a) 条形基础　(b) 独立基础　(c) 桩基础

(d) 筏板基础　(e) 箱型基础

图 4-2　基础形式

二、墙体

房屋中的墙体根据其位置不同可分为外墙和内墙。墙体在房屋中的构造如图 4-3 所示。

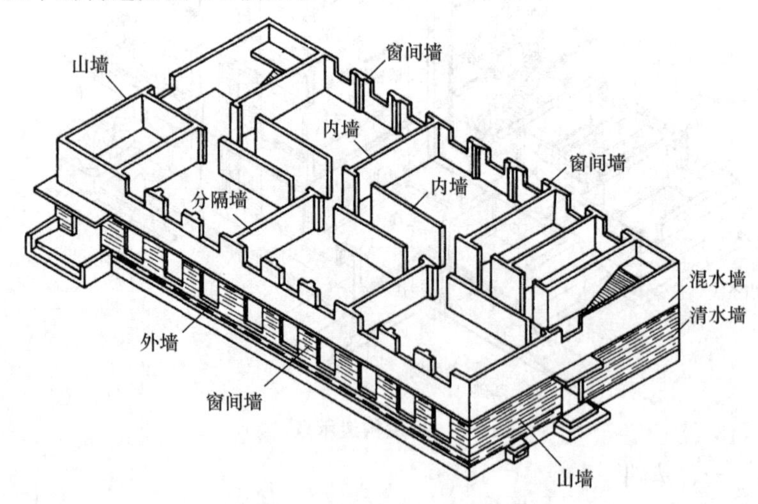

图 4-3　墙体在房屋中的构造

三、梁板柱

梁板柱现浇成整体结构的房屋，称为框架结构，在框架结构的房屋中墙体是不承重的，仅起围护和分隔房间的作用，如图 4-4 所示。板直接支撑在柱子上称为无梁楼盖，这种结构可以增加房屋的净高，但配筋量较大，如图 4-5 所示。

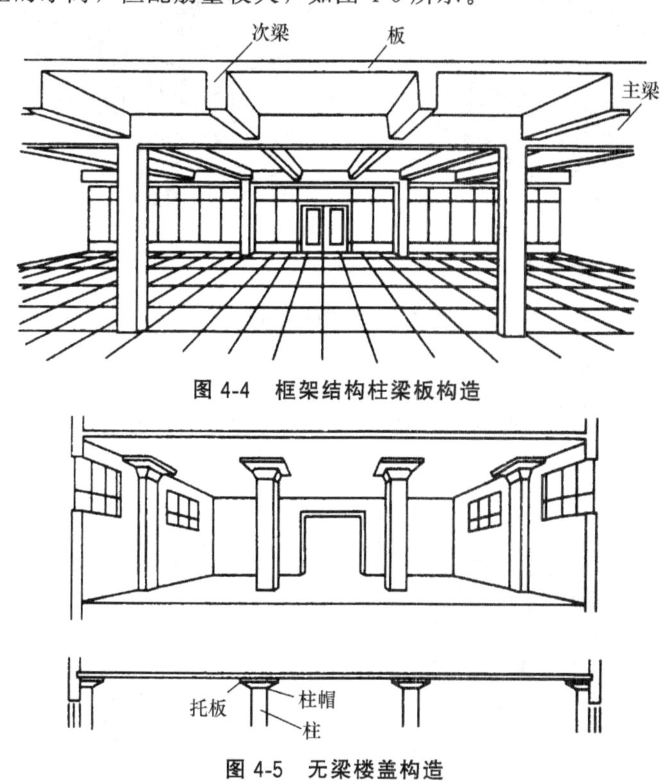

图 4-4　框架结构柱梁板构造

图 4-5　无梁楼盖构造

四、楼梯

楼梯是楼房建筑的垂直交通构件。它主要有楼梯段、休息平台、栏杆和扶手组成，如图 4-6 所示。

五、楼地面

楼地面是人们生活中经常接触行走的平面，要求较低的一般用水泥地面，要求较高的可做瓷砖、大理石、水磨石等地面，有

的还做木地板。

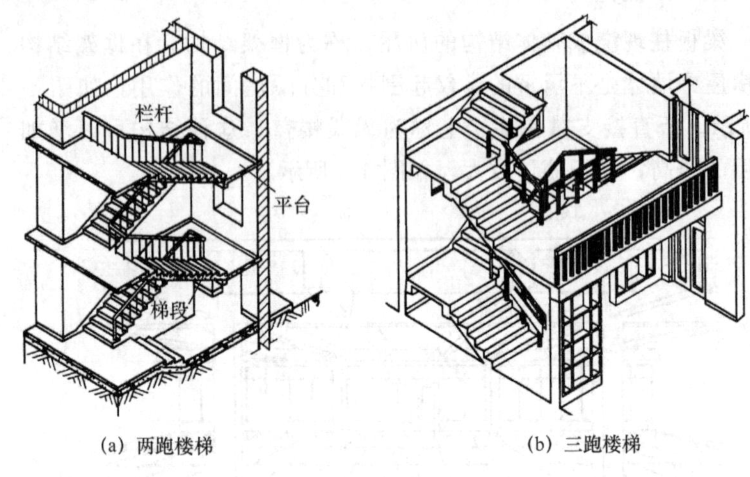

(a) 两跑楼梯　　(b) 三跑楼梯

图 4-6　楼梯的组成

六、门窗

窗主要是采光通风，也起分隔和围护作用，如图 4-7 所示。

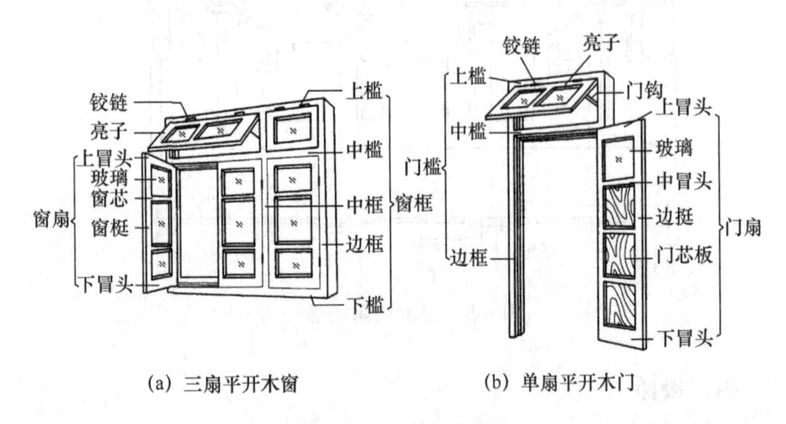

(a) 三扇平开木窗　　(b) 单扇平开木门

图 4-7　门窗的构造

七、屋面

房屋的屋顶分为坡屋顶和平屋顶。

坡屋顶通常有屋架、檩条、屋面板和瓦组成，现代楼房的坡屋顶也可直接将楼板作成斜楼板，再在斜楼板上作防水层和屋瓦，如图 4-8 所示。

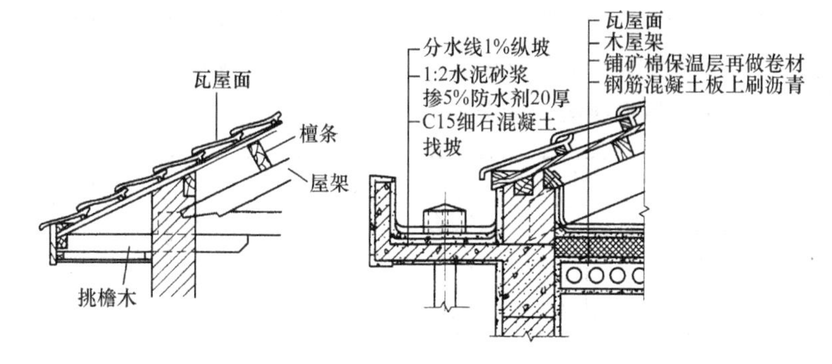

图 4-8　坡屋面构造

平屋顶是现代建筑采用最多的屋顶形式，为了排水方便，平屋顶也有较小的坡度，一般小于 5%。屋顶是房屋最上部的围护结构，它有遮风挡雨、保温隔热的作用，所以房屋的屋顶有多层构造组成。

第二节　砖石结构主要构件

一、墙体的构造

（1）墙体的构造。

（2）墙体的作用。

①受力作用。主要承受房屋从屋顶、楼层传来的自重、人和设备的可变荷载以及风、雪、地震冲击等特殊荷载。

②围护作用。外墙具有遮风挡雨、隔热御寒、阻隔噪声的作用，内墙除了分隔房间的作用外，还能隔声和防火等。

③分隔空间的作用。内墙可将建筑物按不同用途一一分隔开来。

二、楼板的构造和作用

楼板是承担楼面上荷载的横向水平构件。砖石结构中的板主要有预制预应力多孔板和现浇板两种。前者施工速度快，但整体性差些；后者整体性较好，但施工周期较长且材料耗费较多。它

们的作用虽然相同，但构造上却各有特点，现分述如下：

（1）现浇钢筋混凝土板的构造。现浇板的结构平面图如图 4-9 所示。板支承于梁及纵墙上，梁支承于墙或柱上。一般墙上（或板底）均设圈梁，板与圈梁相连接。

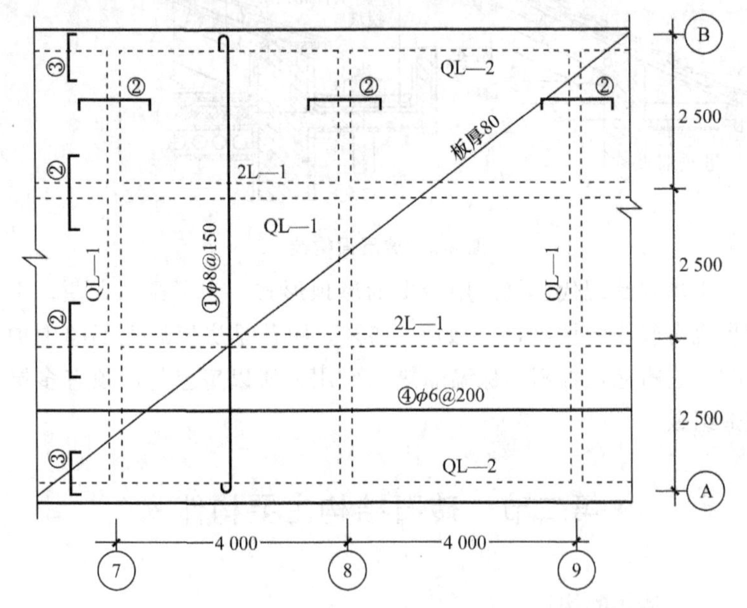

图 4-9　现浇板结构平面图

①—主筋；②、③—板面构造筋；④—分布筋

（2）预应力多孔板的构造。预应力多孔板常用于砖混结构房屋中，一般板厚 11～12 cm，有五孔、六孔等。由于多孔板是空心的，搁置于墙上的板头局部抗压强度较低，所以必须用混凝土堵头，多孔板的两边不可嵌入墙内，如图 4-10 所示。

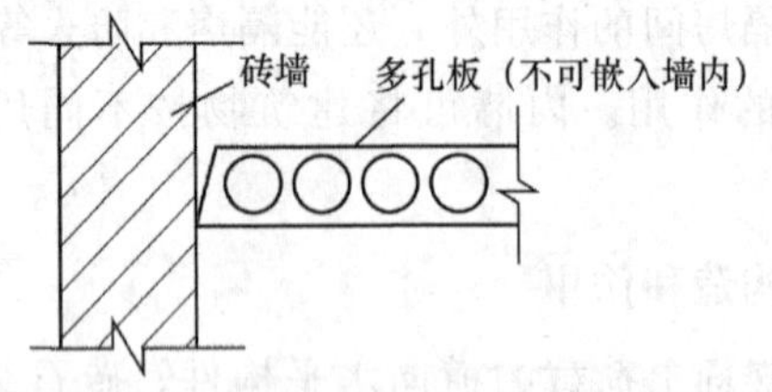

图 4-10　多孔板与墙平行时的布置方式

由于多孔板是相互分开搁置于墙（梁）上的，因此必须采取

措施使楼（屋）面的板边成整体，其连接构造如下：

①板与板的连接。板缝需用 C20 细石混凝土灌捣密实，板缝的下端宽度以 10 mm 为宜，扳缝过宽时，则应按楼面荷载作用于板缝上计算配筋。板缝间应配筋，以加强楼板的整体刚度和强度，如图 4-11 所示。

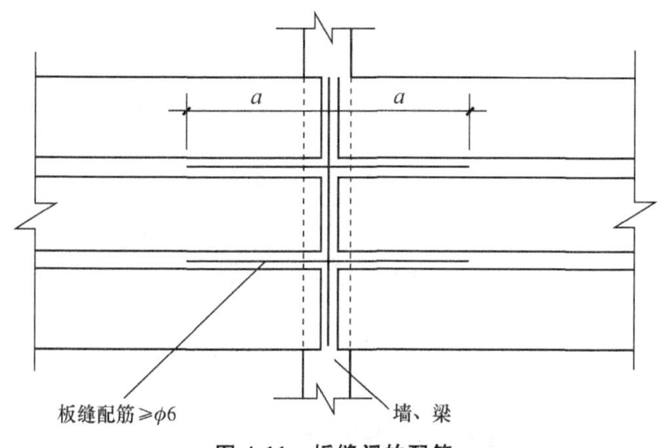

图 4-11　板缝间的配筋

②板与墙、梁的连接。预制板搁置的墙上应有 20 mm 的铺灰，其中 10 mm 为坐灰。铺灰材料采用与砌体相同强度的砂浆，但不应低于 M5。板的支座上部设置锚固钢筋与墙或梁连接，具体构造如图 4-12 所示。

(3) 板的作用。除了把垂直荷载传递给墙及梁之外，砖石结构在水平荷载（如风荷载、地震荷载）作用下，楼（屋）盖起着支承纵墙的水平梁作用，并通过楼（屋）盖本身水平向的弯曲和剪切，将水平力传给横墙。因此，板经过灌缝、配筋及后浇面层与梁、墙连接成整体，承受楼（屋）盖在水平方向发生弯曲和剪切时产生的内力；板和横墙的连接起着保证将水平力传给横墙的作用；板和纵墙连接承受纵墙传给楼板（屋面板）的水平压力或吸力，并保证纵墙的稳定。板、梁和墙体的连接不但要保证水平荷载的传递，当梁板作用在墙上的荷载是偏心荷载时，连接处还要承受偏心荷载引起的水平力。

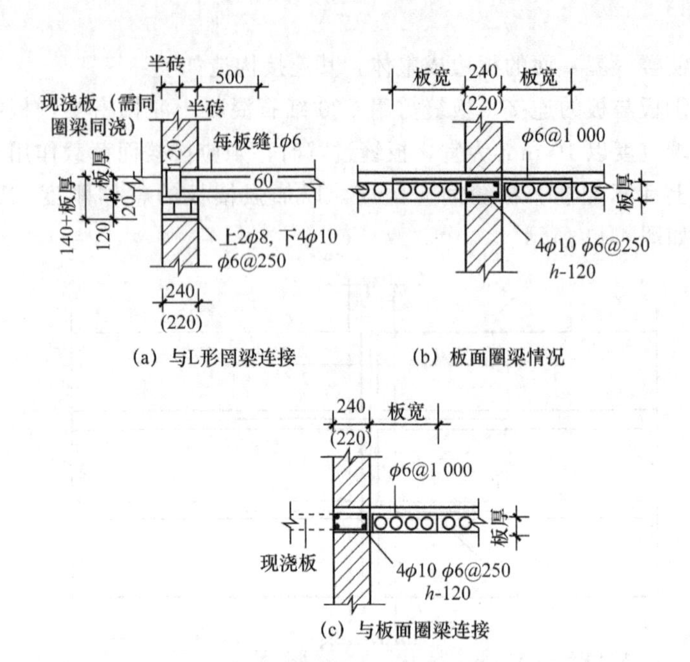

(a) 与L形冈梁连接　　(b) 板面圈梁情况

(c) 与板面圈梁连接

图 4-12　板与圈梁的连接方式

三、圈梁的构造及作用

（1）圈梁的构造。圈梁一般应设置于预制板同一标高处或紧靠板底，截面高度不宜小于 120 mm。圈梁应闭合，遇有洞口应上下搭接，如图 4-13（b）所示。圈梁钢筋的接头应满足图 4-13（a）、（b）的要求。

（2）圈梁的作用。圈梁的主要作用一是提高空间的刚度，增加建筑物的整体性，防止因不均匀沉降、温差而造成砖墙裂缝；二是提高砖砌体的抗剪、抗拉强度，提高房屋的抗震能力。

四、构造柱的构造及作用

（1）构造柱的构造。按照抗震设防的要求，砖混结构应按规定设置构造柱。构造柱最小截面可采用 240 mm×180 mm，纵向钢筋宜≥4ϕ12，箍筋间距不宜大于 250 mm，且在柱上下端适当加密，如图 4-14 所示。当设防烈度等于 7 度时，根据层高不同纵向钢筋采用 4ϕ14，箍筋间距不应大于 200 mm。

构造柱与墙接合面，宜做成马牙槎，并沿墙高每隔 500 mm

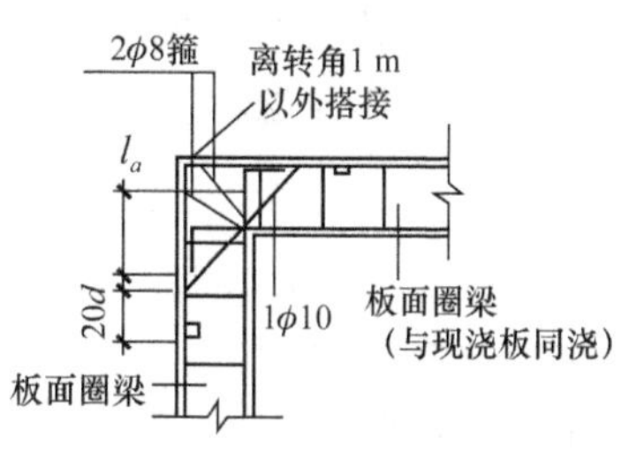

(a) 转角处板面圈梁之间连接

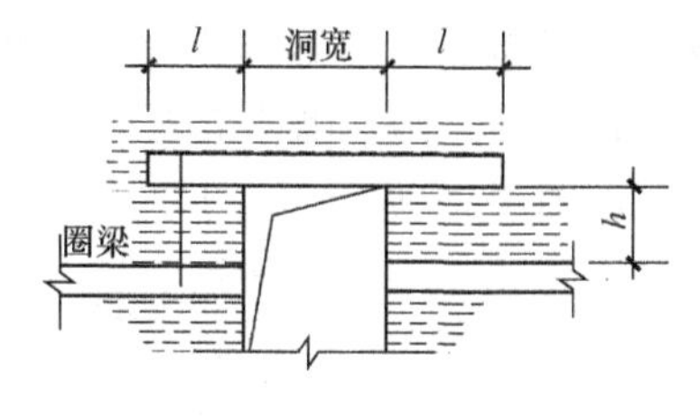

(b) 圈梁被洞口切断处

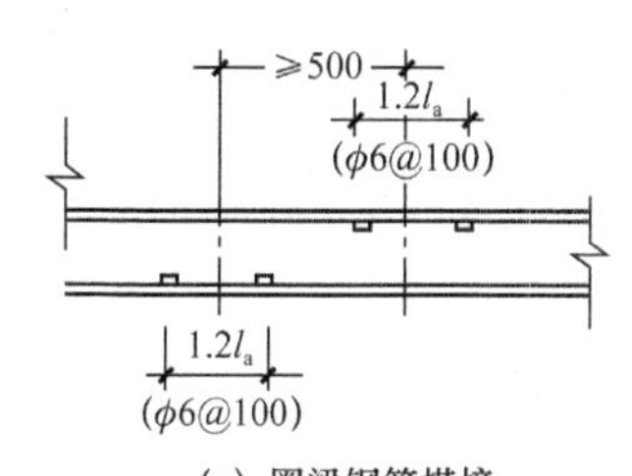

(c) 圈梁钢筋搭接

图 4-13 圈梁的构造要求

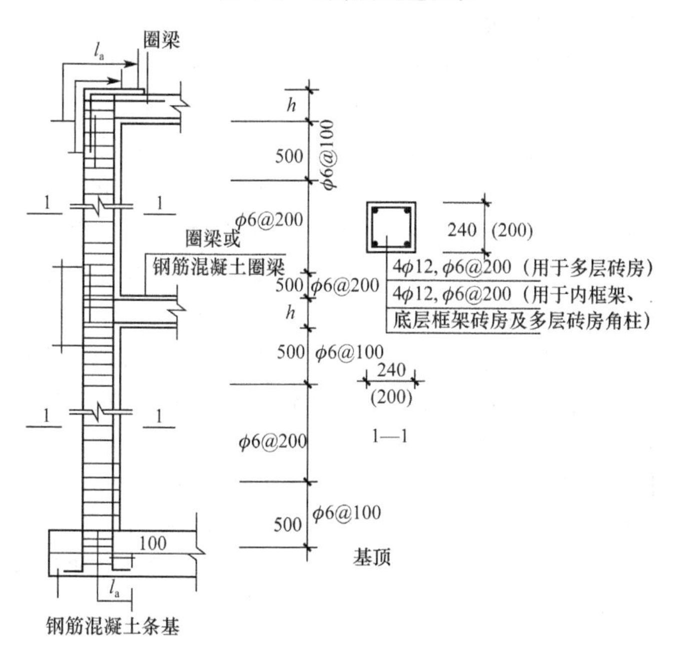

图 4-14 构造柱配筋

设 2ϕ6 拉接筋，每边伸入墙内不小于 1 m，构造柱的马牙槎从柱脚或柱下端开始，砌体应先退后进，以保证各层柱端有较大的断面，如图 4-15 所示。

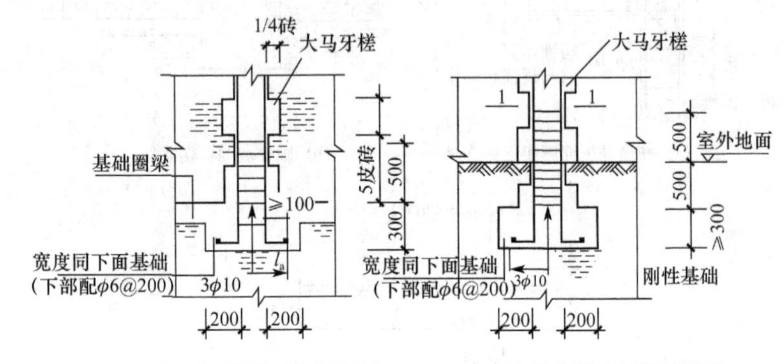

(a) 构造柱置于基础圈梁内　　(b) 构造柱置于刚性基础上

图 4-15　构造柱与砖墙的大马牙槎连接

构造柱应与圈梁可靠连接，隔层设置圈梁的房屋，应在无圈梁的楼层增设配筋砖带。

构造柱可不单独设置基础，但应伸入室外地面下 500 mm，或锚入浅于 500 mm 的基础圈梁内。

出屋面的建筑物，构造柱应伸到顶部，并与顶部圈梁连接。

女儿墙应设构造小柱。当地震烈度为 6 度时，间距 3.3 h（h 为女儿墙高度），当地震烈度为 7 度时，间距为 2.5 h，并宜布置在横轴线外，如图 4-16 所示。构造上应设压顶或圈梁；下部与梁连接，如图 4-17 所示。

（2）构造柱的作用。构造柱可以加强房屋抗垂直地震力的能力，特别是承受向上地震力时，由于构造柱与圈梁连接成封闭环形，可以有效地防止墙体拉裂，并可以约束墙面裂缝的开展。通用构造柱的设置，可以加强纵横墙的连接，也可以加强墙体的抗剪、抗弯能力和延性，从而提高抗水平地震力的能力。

此外，构造柱还可以有效地约束因温差而造成的水平裂缝的发生。

五、挑梁、阳台和雨篷

挑梁、阳台和雨篷都是砖石结构中的悬挑构件。阳台、雨篷

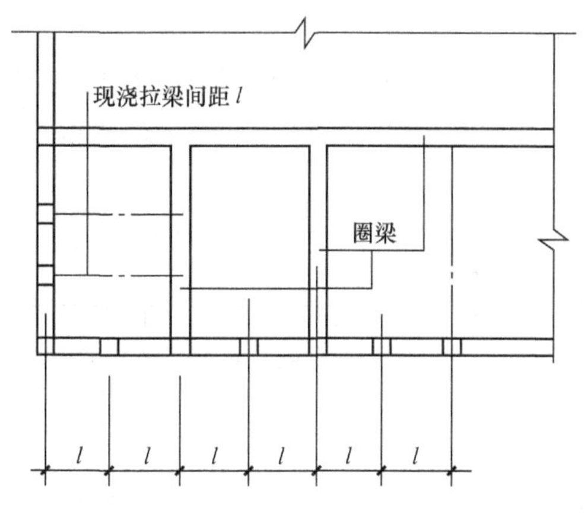

图 4-16 女儿墙小柱构造形式

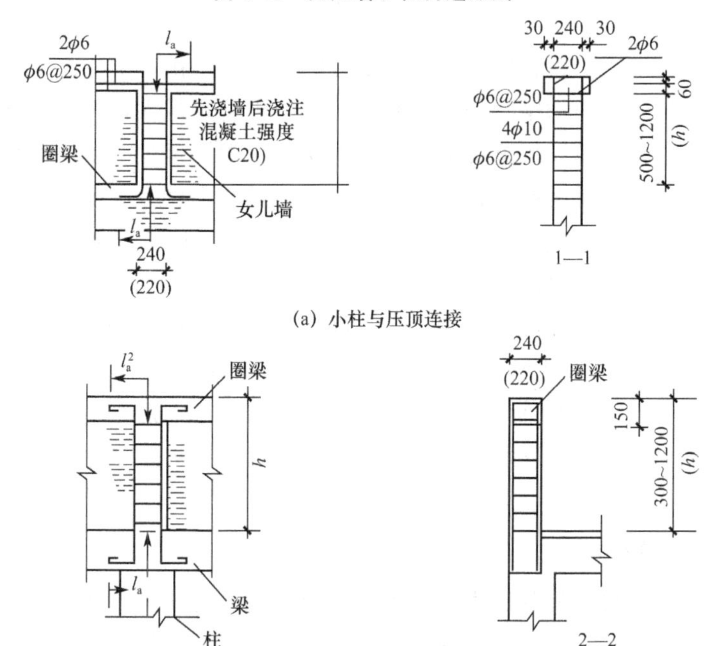

图 4-17 女儿墙小柱与压顶连接

注：6 度设防时 $l=3.3h$；7 度设防时 $l=2.5h$。

有梁式和板式两种。梁式结构由挑梁和简支板组成，板式结构类似变截面的挑梁。

挑梁在墙根部承受最大负弯矩，截面的上部受拉，下部受压，故截面的上端钢筋为受力钢筋，下端为构造钢筋，如图 4-18 所示。

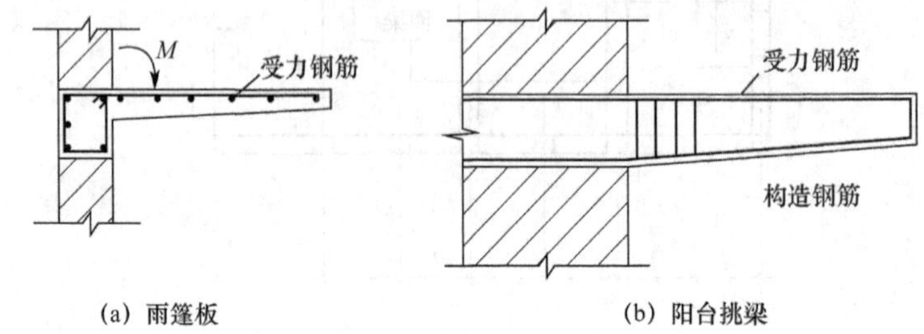

(a) 雨篷板　　(b) 阳台挑梁

图 4-18　悬挑构件的钢筋构造

挑梁伸入墙内长度的确定，要考虑由于梁悬挑而引起的倾覆因素。伸入墙内的梁越长，压在梁上的墙体重量越大，抵抗倾覆的能力愈强。所以规范规定：挑梁纵向受力钢筋至少应有 1/2 的钢筋面积伸入梁尾端，且不少于 $2\phi12$。其他钢筋伸入支座的长度不应小于 $2L_1/3$；挑梁埋入砌体长度 L_1，挑出长度 L 之比宜大于 1.0；当挑梁上无砌体时，L_1与 L 之比宜大于 2。阳台承受在其上面活动的人、物荷载及自重，挑梁则承受阳台板传来的荷载，并通过伸入墙内的挑梁防止阳台的倾覆。另外阳台又起遮雨的作用。挑梁伸入墙内的长度一般设计图上均注明约为挑出长度的 1.5 倍，砌砖时应予以留出；此外，阳台面的泛水防水亦应予以重视。

六、楼梯

楼梯是楼层间的通道，它承担疏通人流、物流的作用。受到自身荷载、人和物的活荷载，有时还要受水平力的作用，并把力传递到墙上去。楼梯由楼梯段、楼梯梁、休息平台构成。在构造上分为梁式楼梯和板式楼梯两种；施工上又分为预制吊装的构件式和现场支模浇灌混凝土的现浇式两种；板式楼梯平面、剖面和构造配筋图，如图 4-19、图 4-20 所示。

一般情况下，现浇楼梯的踏步板不宜直接支承在承重墙上，

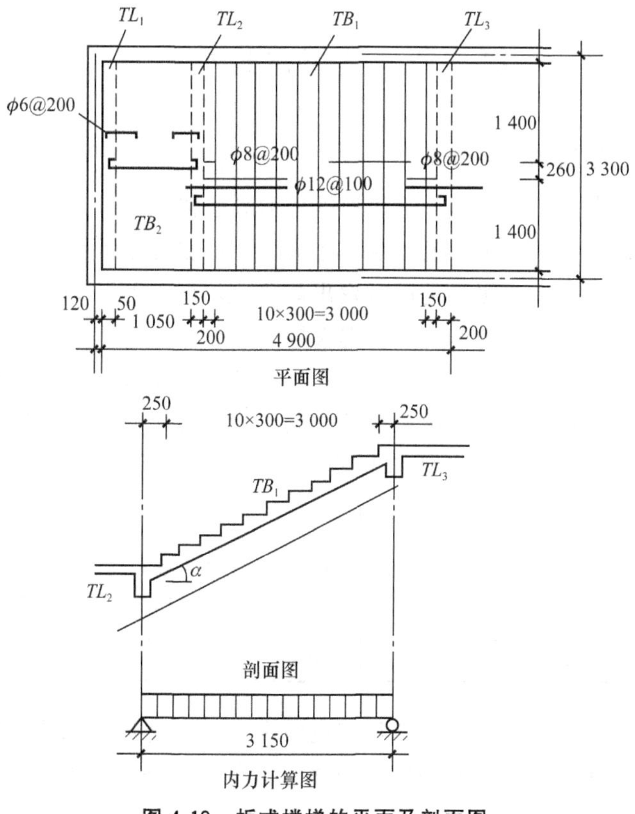

图 4-19　板式楼梯的平面及剖面图

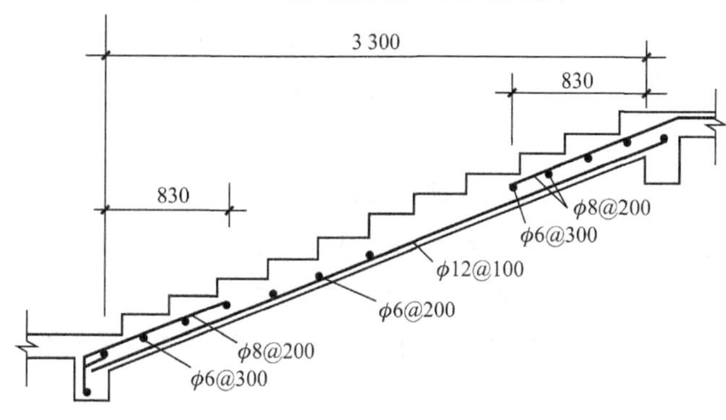

图 4-20　板式楼梯配筋

因为支承在承重墙上会造成施工复杂且削弱砖墙的承载力。起步（首层）宜设置在基础梁上。

第三节 房屋建筑抗震

一、地震的一般知识

地震分为陷落地震、火山地震、构造地震三类。

地震的大小和强烈的程度，在国际上用震级和烈度表示。

（1）震级。震级是地震时发出能量大小的等级，国际上用地震仪来测定，一般分为九级。震级越大地震力也越大。

（2）烈度。烈度是地震力对人产生的震动感受以及对地面和各类建筑物遭受一次地震影响的强弱程度。震中点的烈度称“震中烈度”。表 4-1 为震中烈度与震级的大致对应关系表。目前我国采用的地震烈度分为 12 个等级。

表 4-1 震级与烈度大致对应关系表

震级	2	3	4	5	6	7	8	9
震中烈度	1～2	3	4～5	6～7	7～8	9～10	11	12

在日常生活中，人们往往把震级和烈度两者混同起来，这是不对的。为了弄清这两个不同的概念，我们用个比喻来说明。以地震的震级比作炸药量（吨位），那么炸弹对不同地点的破坏程度好比烈度。每次地震只有一个震级，就好比炸弹只有一个吨位一样，是个常数。而烈度就有不同，就像炸弹炸开后，距离远近不同，遭到的破坏程度也不一样。

二、房屋建筑抗震的原则和措施

地震虽然是一种偶然发生的自然灾害，但只要做好房屋的抗震构造和措施，灾害是可以减轻的。一般措施如下。

（1）房屋应建造在对抗震有利的场地和较好的地基土上。

（2）房屋的自重要轻。

（3）建筑物的平面布置要力求形状整齐、刚度均匀对称，不要凹进凸出，参差不齐。立面上亦应避免高低起伏或局部凸出。体长的多层建筑要设置抗震缝。

(4) 增加砖石结构房屋的构造设置。目前普遍增加了构造柱和圈梁的设置。构造柱可以增强房屋的竖向整体刚度。墙与柱应沿墙高每 50 cm 设 2ϕ6 钢筋连接，每边伸入墙内不应少于 1 m。圈梁应沿墙顶做成连接封闭的形式。

(5) 提高砌筑砂浆的强度等级。抗震措施中重要的一点是提高砌体的抗剪强度，一般要用 M5 以上的砂浆。为此，施工时砂浆的配合比一定要准确，砌筑时砂浆要饱满，黏结力强。

(6) 加强墙体的交接与连接。当房屋有抗震要求时，不论房间大小，在房屋外墙转角处应沿墙高每 50 cm（约 8 皮砖），在水平灰缝中配置 3ϕ6 的钢筋，每边伸入墙内 1 m。砌体一定要用踏步槎接槎。非承重墙和承重墙连接处，应沿墙每 50 cm 高配置 2ϕ6 拉结钢筋，每边伸入墙内 1 m。以保证房屋整体的抗震性能，如图 4-21 所示。

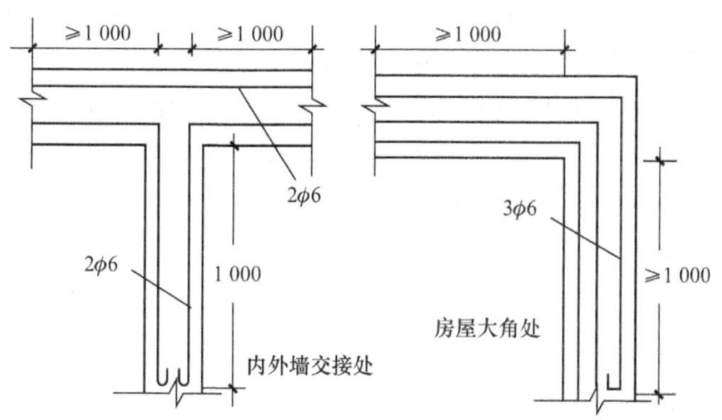

图 4-21　抗震墙体连接构造图

(7) 屋盖结构必须和下部砌体（砖墙或砖柱）很好连接。屋盖尽量要轻，整体性要好。

(8) 地震区不能采用拱壳砖砌屋面。门窗上口不能用砖砌平拱代替过梁；窗间墙的宽度要大于 1 m；承重外墙尽端至门窗洞口的边最少应大于 1 m；无锚固的女儿墙的最大高度不大于 50 cm；不应采用无筋砖砌栏板；预制多孔板在砖墙上的搁置长度不小于 10 cm，在梁上不少于 8 cm。

第四节 建筑识图

一、总平面图

（1）表明新建区域的地形、地貌、平面布置，包括红线位置，各建（构）筑物、道路、河流、绿化等的位置及其相互间的位置关系。

（2）确定新建房屋的平面位置。一般根据原有建筑物或道路定位，标注定位尺寸；修建成片住宅、较大的公共建筑物、工厂或地形复杂时，用坐标确定房屋及道路转折点的位置。

（3）表明建筑物首层地面的绝对标高，室外地坪、道路的绝对标高；说明土方填挖情况、地面坡度及雨水排出方向。

（4）用指北针和风向频率玫瑰图来表示建筑物的朝向。风向频率玫瑰图还表示该地区常年风向频率，它是根据某一地区多年统计的各个方向吹风次数的百分数值，按一定比例绘制，用16个罗盘方位表示。风向频率玫瑰图上所表示的风的吹向，是指从外面吹向地区中心。实线图形表示常年风向频率；虚线图形表示夏季的风向频率。

（5）根据工程的需要，有时还有水、暖、电等管线总平面图；各种管线综合布置图，竖向设计图，道路纵、横剖面图，以及绿化布置图等。

二、建筑平面图

（1）表明建筑物的平面形状，内部各房间包括走廊、楼梯、出入口的布置及朝向。

（2）表明建筑物及其各部分的平面尺寸。在建筑平面图中，必须详细标注尺寸。平面图中的尺寸分为外部尺寸和内部尺寸。外部尺寸有三道，一般沿横向、竖向分别标注在图形的下方和左方。

第一道尺寸：表示建筑物外轮廓的总体尺寸，也称为外包尺寸，它是从建筑物一端外墙边到另一端外墙边的总长和总宽尺寸。

第二道尺寸：表示轴线之间的距离，也称为轴线尺寸。它标注在各轴线之间，说明房间的开间及进深尺寸。

第三道尺寸：表示各细部的位置和大小的尺寸，也称为细部尺寸。它以轴线为基准，标注出门窗的大小和位置，墙、柱的大小和位置。此外，台阶（或坡道）、散水等细部结构的尺寸可分别单独标出。

内部尺寸标注在图形内部，用以说明房间的净空大小，内门窗的宽度；内墙厚度，以及固定设备的大小和位置。

（3）表明地面及各层楼面标高。

（4）表明各种门窗的位置、代号和编号，以及门的开启方向。门的代号用 M 表示，窗的代号用 C 表示，编号数用阿拉伯数字表示。

（5）表示剖面图剖切符号、详图索引符号的位置及编号。

（6）综合反映其他各工种（工艺、水、暖、电）对土建的要求。各工种要求的坑、台、水池、地沟、电闸箱、消防栓、雨水管等及其在墙或楼板上的预留洞，应在平面图中表明其位置及尺寸。

（7）表明室内装修做法。包括室内地面、墙面及顶棚等处的材料及做法。通常简单的装修工程在平面图内直接用文字说明；较复杂的装修工程则另列房间明细表和材料做法表，或另画建筑装修图。

（8）文字说明。平面图中不易表明的内容，如施工要求、砖及灰浆的强度等级等需用文字说明。

三、建筑立面图

（1）图名、比例。立面图的比例常与平面图一致。

（2）标注建筑物两端定位轴线及其编号。在立面图中一般只画出两端的定位轴线及其编号，以便与平面图对照。

（3）画出室内外地面线、房屋的勒脚、外部装饰及墙面分格线。表示出屋顶、雨篷、阳台、台阶、雨水管、水斗等细部结构的形状和做法。为了使立面图外形清晰，通常把房屋立面的最外轮廓线画成粗实线，室外地面用特粗线表示，门窗洞口、檐口、阳台、雨篷、台阶等用中实线表示；其余的均用细实线表示（如墙面分隔线、门窗格子、雨水管以及引出线等）。

（4）表示门窗在外立面的分布、外形、开启方向。在立面图上，门窗应按规定的图例画出。门窗立面图中的斜细线，是开启方向符号，细实线表示向外开，细虚线表示向内开，一般无需把所有的窗都画上开启符号，凡是窗的型号相同的，只画出其中一两个即可。

（5）标注各部位的标高及必须标注的局部尺寸。在立面图上，高度尺寸主要用标高表示。一般要注出室内外地坪、一层楼地面、窗台、窗顶、阳台面、檐口、女儿墙压顶面、进口平台面及雨篷底面等标高。

（6）标注出详图索引符号。

（7）用文字说明外墙装修做法。根据设计要求，外墙面可选用不同的材料及做法，在立面图上一般用文字说明。

四、建筑剖面图

（1）图名、比例及定位轴线。剖面图的图名与底层平面图所标注的剖切位置符号的编号一致。在剖面图中，应标出被剖切的各承重墙的定位轴线及与平面图一致的轴线编号。

（2）表示出室内底层地面到屋顶的结构形式、分层情况。在剖面图中，断面的表示方法与平面相同。断面轮廓线用粗实线表示，钢筋混凝土构件的断面可涂黑表示。其他没有被剖切到的可见轮廓线用中实线表示。

（3）标注各部分结构的标高和高度方向尺寸。剖面图中应标注出室内外地面、各层楼面、楼梯平台、檐口、女儿墙顶面等处的标高。其他结构则应标注高度尺寸。高度尺寸分为三道：

第一道是总高尺寸，标注在最外边。

第二道是层高尺寸，主要表示各层的高度。

第三道是细部尺寸，表示门窗洞、阳台、勒脚等的高度。

（4）用文字说明某些用料及楼面、地面的做法等。需画详图的部位，还应标注出详图索引符号。

五、外墙身详图

外墙身详图实际上是建筑剖面图的局部放大图。它主要表示房屋的屋顶、檐口、楼层、地面、窗台、门窗顶、勒脚、散水等处的构造；楼板与墙的连接关系。

外墙身详图识读时应注意以下问题。

（1）±0.000或防潮层以下的砖墙以结构基础图为施工依据二识读墙身剖面图时，必须与基础图配合，并注意±0.000处的搭接关系及防潮层的做法。

（2）屋面、地面、散水、勒脚等的做法、尺寸应和材料做法对照。

（3）要注意建筑标高和结构标高的关系。建筑标高一般是指地面或楼面装修完成后上表面的标高，结构标高主要指结构构件的下皮或上皮标高。在预制楼板结构的楼层剖面图中，一般只注明楼板的下皮标高；在建筑墙身剖面图中，只注明建筑标高。

六、楼梯详图

楼梯详图分为建筑详图与结构详图，并分别绘制。对于比较简便的楼梯，建筑详图和结构详图可以合并绘制，编入建筑施工图和结构施工图。

（1）楼梯平面图。一般每一层楼都要画一张楼梯平面图。三层以上的房屋，若中间各层楼梯的位置、梯段数、踏步数和大小相同时，通常只画底层、中间层和顶层三个平面图。

楼梯平面图实际是各层楼梯的水平剖面图，水平剖切位置应在每层上行第一梯段及门窗洞口的任一位置处。各层（除顶层外）被剖到的梯段，均在平面图中以一根45°折断线表示。

在各层楼梯平面图中应标注该楼梯间的轴线及编号，以确定其在建筑平面图中的位置。底层楼梯平面图还应注明楼梯剖面图的剖切符号。

平面图中要注出楼梯间的开间和进深尺寸、楼地面和平台面的标高，以及各细部的详细尺寸。通常把梯段长度尺寸与踏面数、踏面宽尺寸合写在一起。

（2）楼梯剖面图。假想用一铅垂平面通过各层的一个梯段和

门窗洞将楼梯剖开，向另一未剖到的梯段方向投影，所得到的剖面图即为楼梯剖面图。

楼梯剖面图表达出房屋的层数，楼梯的梯段数、步级数及形式，楼地面、平台的构造及与墙身的连接等。

若楼梯间的屋面没有特殊之处，一般可不画。

楼梯剖面图中还应标注地面、平台面、楼面等处的标高，以及梯段、楼层、门窗洞口的高度尺寸。楼梯高度尺寸注法与平面图梯段长度注法相同，如 10×150＝1 500，10 为步级数，表示该梯段为 10 级，150 为踏步高度。

楼梯剖面图中也应标注承重结构的定位轴线及编号。对需画详图的部位应注出详图索引符号。

（3）楼梯节点详图。楼梯节点详图主要表示栏杆、扶手和踏步的细部构造。

第五节　民用建筑定位放线

一、建筑物定位

1. 根据控制点定位

如果待定位建筑物的定位点设计坐标是已知的，且附近有高级控制点可供利用，则可根据实际情况选用极坐标法、角度交会法或距离交会法来测设定位点。三种方法中，极坐标法适用性最强，是用得最多的一种定位方法。

2. 根据建筑方格网和建筑基线定位

如果待定位建筑物的定位点设计坐标是已知的，并且建筑场地已设有建筑方格网或建筑基线，可利用直角坐标法测设定位点；也可用极坐标法等其他方法进行测设，但直角坐标法所需要的测设数据的计算较为方便，在用经纬仪和钢尺实地测设时，建筑物总尺寸和四大角的精度容易控制及检核。

3. 根据与原有建筑物和道路关系定位

（1）根据与原有建筑物的关系定位。

如图 4-22（a）所示，拟建建筑物的外墙边线与原有建筑物的外墙边线在同一条直线上，两栋建筑物的间距为 15 m；拟建建筑物四周的长轴为 45 m，短轴为 20 m，轴线与外墙边线的距为 0.15 m，可按下述方法测设其四个轴线交点：

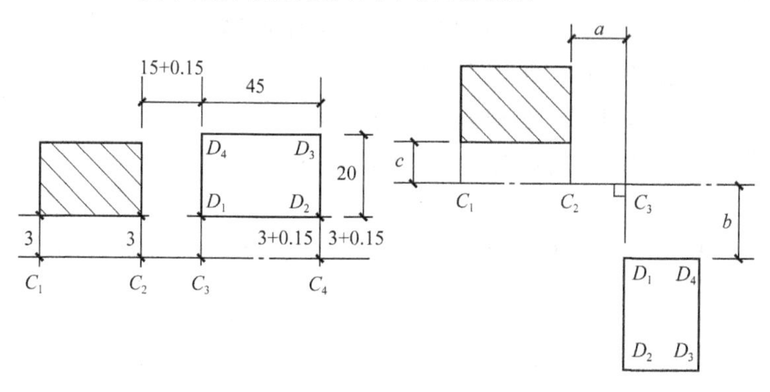

图 4-22 根据与原有建筑物的关系定位

沿原有建筑物的两侧外墙拉线，用钢尺顺线从墙角往外量一段较短的距离（这里设为 3 m)，在地面上定出 C_1 和 C_2 个点，C_1 和 C_2 的连线即为原有建筑物的平行线。

在 C_1 点安置经纬仪，照准 C_2 点，用钢尺从 C_2 点沿视线方向量 15 m＋0.15 m，在地面上定出 C_3；再从 C_3 点沿视线向量 45 m，在地面上定出 C_4 点，C_3 和 C_4 的连线即为拟建筑物的平行线，其长度等于长轴尺寸。

在 C_3 点安置经纬仪，照准 C_4，逆时针测设 90°，在视线方向上量 3 m＋0.15 m，在地面上定出 D_1 点；再从 D_1 点沿线方向量 20 m，在地面上定出 D_4 点。同理，在 C_4 点安置经仪，照准 C_3 点，顺时针测设 90°，在视线方向上量 3 m＋0.15 m，在地面上定出 D_2 点；再从 D_2 点沿视线方向量 20 m，在地面上定出 D_3 点。则 D_1、D_2、D_3 和 D_4 点即为拟建建筑物四个定位轴线点。

在 D_1、D_2、D_3 和 D_4 点上安置经纬仪，检核四个大角否为 90°，用钢尺测量四条轴线的长度，检核长轴是否为 45 m，短轴是否为 20 m。

若为如图 4-22（b）所示的情况，则在得到原有建筑物的平行线并延长到 C_3 点后，应在 C_3 点测设 90°并量距，定出 D_1 点和

D_2点，得到拟建建筑物的一条长轴；再分别在 D_1 点和 D_2 点测设 90°并量距，定出另一条长轴上的 D_4 点和 D_3 点。注意不能先定短轴的两个点（如 D_1 点和 D_4 点），再在这两个点上设站测设另一条短轴上的两个点（如 D_2 点和 D_3 点），否则误差容易超限。

（2）根据与原有道路的关系定位。

如图 4-23 所示，拟建建筑物的轴线与道路中心线平行，轴线与道路中心线的距离见图，测设方法如下：

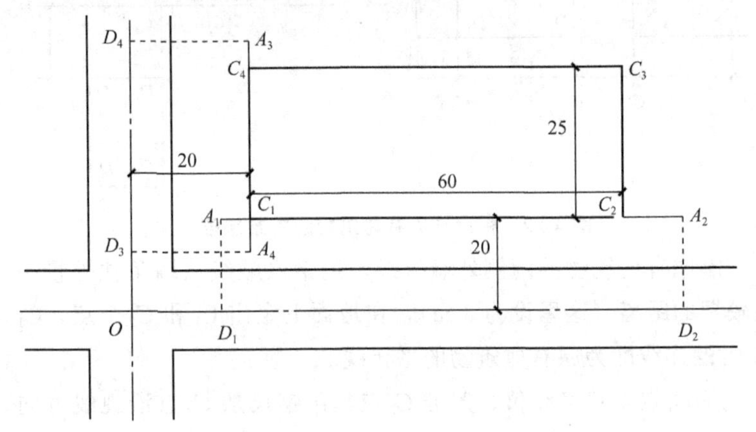

图 4-23　根据与原有道路定位

在每条道路上选两个合适的位置，用钢尺测量两处道路的宽度，其宽度的 1/2 处即为道路中心点，如此得到路一中心线的两个点 D_1 和 D_2，同理得到路二中心线的两个点 D_3 和 D_4。

分别在路一的两个中心点上安置经纬仪，测设 90°用钢尺测设水平距离 20 m，在地面上得到路一的平行线 A_1-A_2，同理作出路二的平行线 A_3-A_4。

用经纬仪内延或外延这两条线，其交点即为拟建建筑物的第一个定位点 C_1，再从 C_1 沿长轴方向量 60 m，得到第二个定位点 C_2。

分别在 C_1 和 C_2 点安置经纬仪，测设直角和水平距离 25 m，在地面上定出 C_3 和 C_4 点。在 C_1、C_2、C_3 和 C_4 点上安置经纬仪，检核角度是否为 90°；用钢尺测量四条轴线的长度，检核长轴是否为 60 m，短轴是否为 25 m。

二、建筑物放线

1. 龙门板法

（1）龙门板法如图 4-24 所示，在建筑物四角和中间隔墙的两端，距基槽边线约 2 m 以外，牢固地埋设大木桩，称为龙门桩，并使桩的一侧平行于基槽。

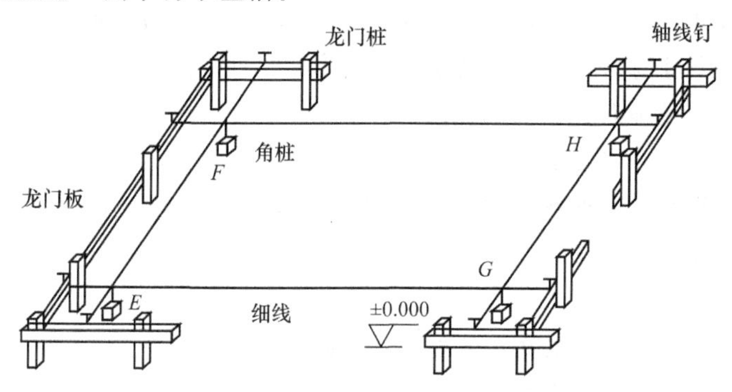

图 4-24　龙门板法

（2）根据附近水准点用水准仪将±0.000 标高测设在每个龙门桩的外侧上，并画出横线标志。如果施工现场条件不允许，也可测设比±0.000 高或低一定数值的标高线。同一建筑物最好只用一个标高，如因地形起伏较大而需用两个标高时，一定要标注清楚，以免使用时发生错误。

（3）在相邻两龙门桩上钉设木板，称为龙门板，龙门板的上沿应和龙门桩上的横线对齐，使龙门板的顶面标高在一个水平面上，并且标高为±0.000，或比±0.000 高或低一定的数值。龙门板顶面标高的误差应在±5 mm 以内。

（4）根据轴线桩，用经纬仪将各轴线投测到龙门板的顶面，并钉上小钉作为轴线标志，称为轴线钉，投测误差应在±5 mm 以内。对小型建筑物，也可用拉细线绳的方法延长轴线，再钉上轴线钉；如预先已打好龙门板，可在测设细部轴线的同时钉设轴线钉，以减少重复安置仪器的工作量。

（5）用钢尺沿龙门板顶面检查轴线钉的间距，其相对误差不应超过 1/3 000。

2. 轴线控制桩法

由于龙门板需要使用较多的木料，而且占用场地，使用机械开挖时容易被破坏，因此也可以在基槽或基坑外各轴线的延长线上测设轴线控制桩，作为以后恢复轴线的依据。即使采用了龙门板，为了防止被碰动，对主轴线也应测设轴线控制桩。

轴线控制桩的引测主要是采用经纬仪法，当引测到较远的地方时，要注意采用盘左和盘右两次投测取中的方法来引测，以减少引测误差和避免错误的出现。

3. 确定开挖边线

先按基础剖面图给出的设计尺寸计算基槽的开挖宽度，如图4-25所示。

$$L=A+nh$$

式中：A——基底宽度，可由基础剖面图查取；

h——基槽深度；

n——边坡坡度的分母。

然后根据计算结果，在地面上以轴线为中线往两边各量出 $L/2$，拉线并撒上白灰，即为开挖边线。如果是基坑开挖，则只需用最外围墙体基础的宽度及放坡来确定开挖边线。

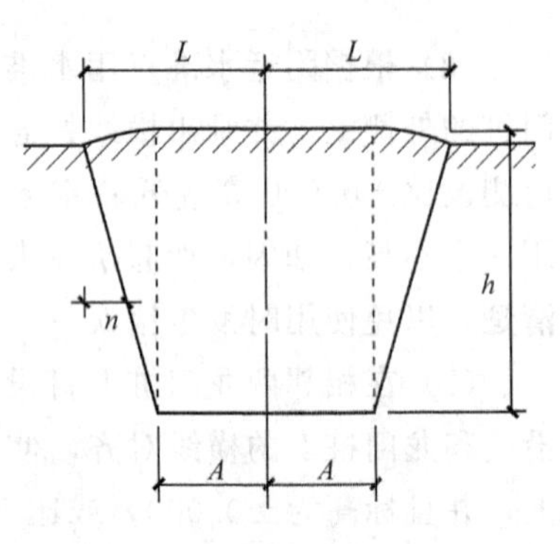

图 4-25 基槽开挖宽度

第五章

砌筑工施工技术

第一节　砖砌体砌筑施工技术

一、砌筑用砖的现场组砌

1. 流程要求

（1）选砖。砌筑过程中必须学会选砖，尤其是砌清水墙面。砖面的选择很重要，砖选得好，砌出来的墙就整齐好看；砖选得不好，砌出来的墙就粗糙难看。

选砖时，将一块砖拿在手中，用手掌托起，将砖在手掌上旋转（俗称滑砖）或上下翻转，在转动中查看哪一面完整无损。有经验者在取砖时，挑选第一块砖就能选出第二块砖，做到“执一备二眼观三”，动作轻巧自如、得心应手，这样选出的砖才能砌出整齐美观的墙面。当砌清水墙时，应选用规格一致、颜色相同的砖，把表面方整光滑、不弯曲和不缺棱掉角的砖面放在外面，砌出的墙才能颜色、灰缝一致。因此，必须练好选砖的基本功，才能保证砌筑墙体的质量。

（2）砍砖。在砌筑时需要打砍加工的砖，按其尺寸不同可分为“七分头”“半砖”“二寸头”“二寸条”，如图5-1所示。

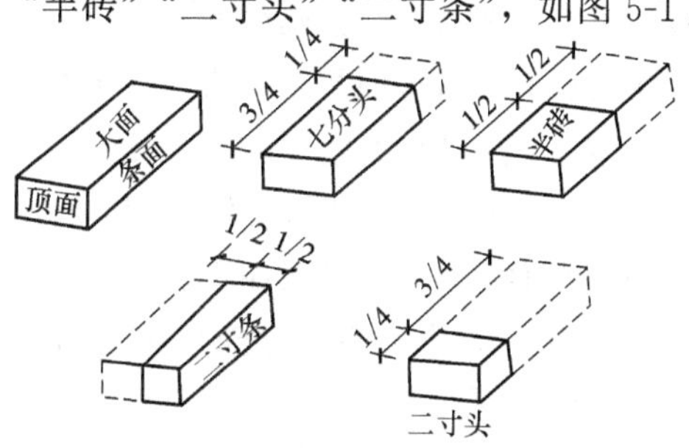

图5-1　砍砖

砖与砖之间的缝统称灰缝。水平方向砖与砖之间的缝叫水平缝或卧缝；垂直方向砖与砖之间的缝叫立缝（也称头缝），如图5-2所示。

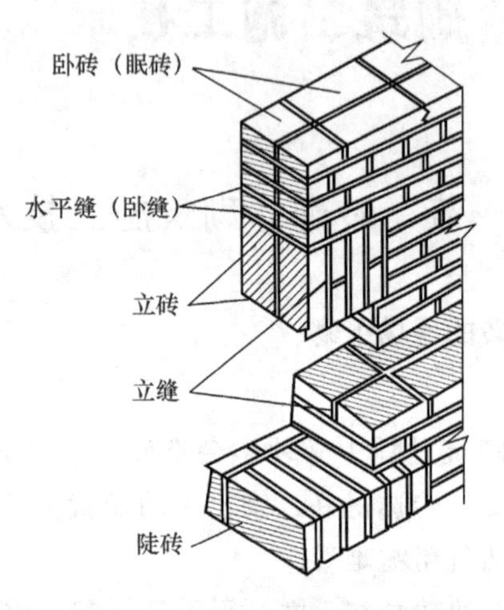

图 5-2　卧砖、陡砖、立砖

（3）放砖。砌在墙上的砖必须放平。往墙上放砖时，砖必须均匀水平地放下，不能一边高一边低，造成砖面倾斜。如果按照这样的方式放砖的话，砌出的墙会造成向外倾斜（俗称往外张或冲）或向内倾斜（俗称向里背或眠）的现象。也有的墙虽然垂直，但因每皮砖放不平，每层砖出现一点儿马蹄棱，形成鱼鳞墙，使墙面不美观，而且影响砌体强度。

（4）跟线穿墙。砌砖必须跟着准线走，俗语叫“上跟线，下跟棱，左右相跟要对平”。就是说砌砖时，砖的上棱边要与准线大约有1 mm的距离，下棱边要与下层已砌好的砖棱对平，左右前后位置要准。当砌完每皮砖时，看墙面是否平直，有无高出、低洼、拱出或拱进准线的现象，应及时纠正。不但要跟线，还要做到用眼“穿墙”。即从上面第一块砖往下穿看，每层砖都要在同一平面上，如果发现有不在同一平面上时，应及时纠正。

（5）自检。在砌筑过程中，要随时随地进行自检。一般砌三层砖用线锤吊大角看直不直，五层砖用靠尺靠一靠墙面垂直平整度。俗语叫“三层一吊，五层一靠”。当墙砌起一步架时，要用托线板全面检查一下垂直及平整度，特别要注意墙大角要绝对垂直平整，如果发现有偏差的现象，应及时纠正。

砌好的墙千万不能砸、不能撬。如果墙面砌出鼓肚，用砖往里砸使其平整，或者当墙面砌出洼凹，往外撬砖，这些都不是好习惯。因砌好的砖，砂浆与砖已黏结，甚至砂浆已凝固，经砸和撬以后，砖面活动，黏结力破坏，墙就不牢固。如果发现墙有大的偏差，应拆除重砌，以保证质量。

(6) 留脚手眼。砖墙砌到一定高度时，就需要脚手架。当使用单排立杆架子时，它的排木一端就要支放在砖墙上。为了放置排木，砌砖时就要预留出脚手眼。一般在 1 m 高处开始留，间距为 1 m 左右一个。脚手眼孔洞如图 5-3 所示。采用铁排木时，在砖墙上留一顶头大小孔洞即可，不必留大孔洞。脚手眼的位置不能随便乱留，必须符合质量要求中的规定。

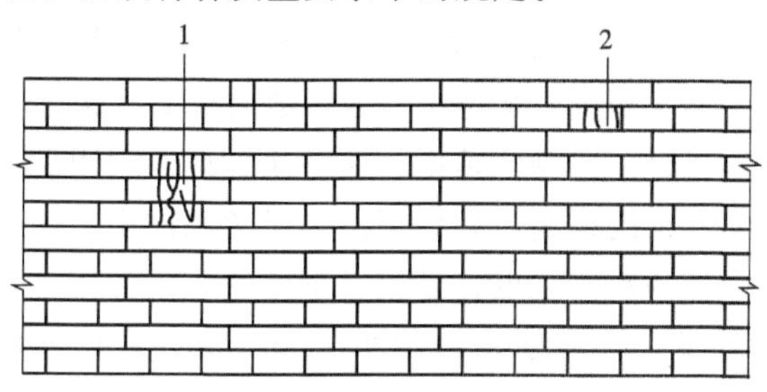

图 5-3　留脚手眼

1—木排木脚手眼；2—铁排木脚手眼

(7) 留施工洞口。在施工中经常会遇到管道通过的洞口和施工用洞口。这些洞口必须按尺寸和部位进行预留。不允许砌完砖后凿墙开洞。凿墙开洞会震动墙身，影响砖的强度和整体性。

对需要设置大的施工洞口时，必须留在不重要的部位。如窗台下的墙可暂时不砌，作为内外通道用；或在山墙（无门窗的山墙）中部预留洞，其高度不得大于 2 m，下口宽 1.2 m 左右，上头呈尖顶形式，才不致影响墙的受力。

(8) 浇砖。在常温天气下施工时，使用的黏土砖必须在砌筑前 1～2 d 浇水浸湿，一般以水浸入砖四边 1 cm 左右为宜。不要当时用当时浇，更不能在架子上及地槽边浇砖，以防造成塌方或

架子因增加重量而沉陷。

浇砖是砌好墙的重要环节。如果用干砖砌墙，砂浆中的水分会被干砖全部吸去，使砂浆失水过多，这样既不易操作，又不能保证水泥硬化所需的水分，从而影响砂浆强度的增长。这对整个砌体的强度和整体性都不利。反之，如果把砖浇得过湿或当时浇砖当时砌墙，表面水分还未能吸进砖内，砖表面水分过多，形成一层水膜，这些水在砖与砂浆黏结时，会使砂浆增加水分，使其流动性变大。这样，砖的重量往往容易把灰缝压薄，使砖面总低于挂的小线，造成操作困难，严重时会导致砌体变形。此外，稀砂浆也容易流淌到墙面上，弄脏墙面。所以，这两种情况对砌筑质量都不能起到积极作用，必须避免。

浇砖还能把砖表面的粉尘、泥土冲洗干净，对砌筑质量有利。砌筑灰砂砖时，可在现场适当洒水后再砌筑。冬期施工由于浇水砖会发生冰冻，且在砖表面结成冰膜，不能和砂浆很好结合。此外，冬期水分蒸发量也小，因此冬期施工不要浇砖。

（9）砌体错缝。砖砌体是由一块一块的砖，利用砂浆作为填缝和黏结材料，组砌成墙体和柱子。为避免砌体出现连续的垂直通缝，保证砌体的整体强度，必须上下错缝、内外搭砌，并要求砖块最少应错缝 1/4 砖长，且不小于 60 mm。在墙体两端采用“七分头”“二寸条”来调整错缝，如图 5-4 所示。

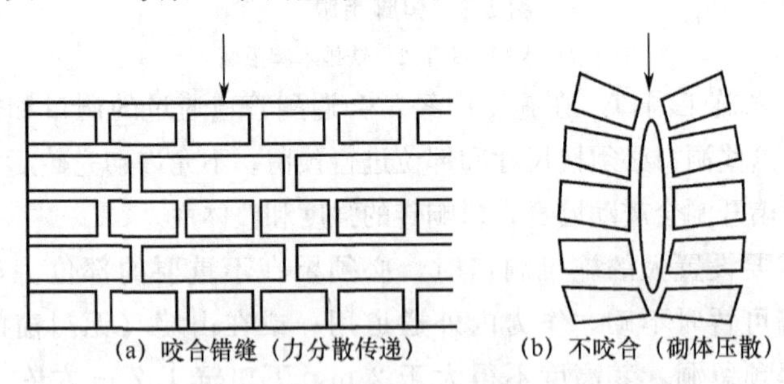

图 5-4　砖砌体的错缝

（10）墙体连接整体性。为了使建筑物的纵横墙相连搭接成一整体，增强其抗震能力，要求墙的转角和连接处要尽量同时砌筑；如不能同时砌筑时，必须在先砌的墙上留出接槎（俗称留槎），后砌的墙体要镶入接槎内（俗称咬槎）。砖墙接槎的砌筑方法合理与否、质量好坏，对建筑物的整体性影响很大。

正常的接槎按规范规定采用两种形式：一种是斜槎（俗称退槎或踏步槎），是在墙体连接处将待接砌墙的槎口砌成台阶形式，其高度一般不大于 1.2 m（一步架），长度不少于高度的 2/3，其做法如图 5-5 所示 。另一种是直槎，俗称“马牙槎”，是每隔一皮砌出墙外 1/4 砖，作为接槎之用，并且沿高度每隔 500 mm 加 2ϕ6 拉结钢筋，每边伸入墙内不宜小于50 cm，其做法如图 5-6 所示。

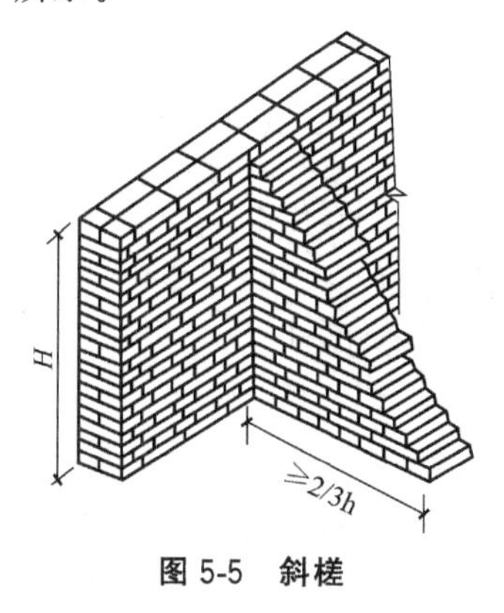

图 5-5　斜槎

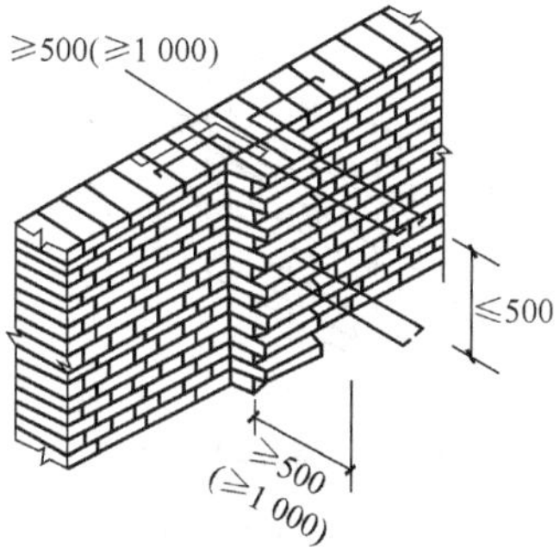

≥500(≥1 000)
≤500
≥500
(≥1 000)

图 5-6　直槎

（11）控制灰缝厚度。砌体水平方向的灰缝叫水平灰缝。水平灰缝的厚度为 8～12 mm，一般为 10 mm。如果水平灰缝太厚，会使砌体的压缩变形过大，砌上去的砖会发生滑移，对墙体的稳定性不利；水平灰缝太薄，则不能保证砂浆的饱满度和均匀性，对墙体的黏结、整体性产生不利影响。砌筑时，在墙体两端和中部架设皮数杆、拉通线来控制水平灰缝厚度，同时要求砂浆的饱满程度应不低于 80％。

2. 组砌单片墙

（1）一顺一丁砌法。一顺一丁砌法，又叫满丁满条砌法。这种砌法第一皮排顺砖，第二皮排丁砖，操作方便，施工效率高，又能保证搭接错缝。一顺一丁砌法是一种常见的排砖形式，如图 5-7 所示。一顺一丁砌法根据墙面形式不同，可又分为“十字缝”和“骑马缝”

两种。两者的区别仅在于顺砌时条砖是否对齐。

(2) 三顺一丁砌法。三顺一丁砌法是指一面墙的连续三皮中全部采用顺砖与一皮中全部采用丁砖上下间隔砌成，上下相邻两皮顺砖间的竖缝相互错开 1/2 砖长（125 mm），上下皮顺砖与丁砖间竖缝相互错开 1/4 砖长，如图 5-8 所示。该砌法因砌顺砖较多，所以砌筑速度快，但因丁砖拉结较少，结构的整体性较差，在实际工程中应用较少，适用于砌筑一砖墙和一砖半墙（此时墙的另一面为一顺三丁砌法）。

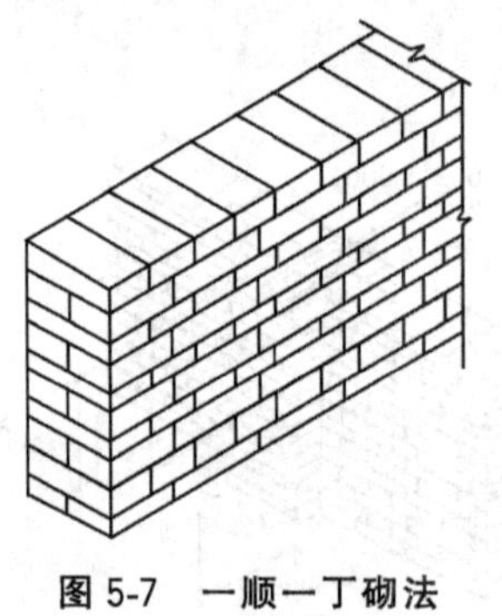

图 5-7　一顺一丁砌法

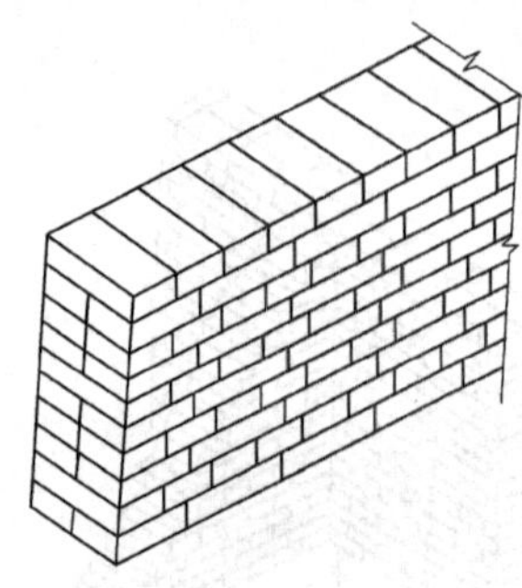

图 5-8　三顺一丁砌法

(3) 两平一侧砌法。两平一侧砌法是指一面墙连续两皮平砌砖与一皮侧立砌的顺砖上下间隔砌成。当墙厚为 3/4 砖时，平砌砖均为顺砖，上下皮平砌顺砖的竖缝相互错开 1/2 砖长，上下皮平砌顺砖与侧砌顺砖的竖缝相错 1/2 砖长；当墙厚为 $1\frac{1}{4}$砖时，只上下皮平砌丁砖与平砌顺砖或侧砌顺砖的竖缝相错 1/4 砖长，其余与墙厚为 3/4 砖的相同（图 5-9）。两平一侧砌法只适用于 3/4 砖和 $1\frac{1}{4}$砖墙。

(4) 梅花丁砌法。梅花丁砌法是指一面墙的每一皮中均采用丁砖与顺砖左右间隔砌成，每一块丁砖均在上下两块顺砖长度的中心，上下皮竖缝相错 1/4 砖长，如图 5-10 所示。该砌法灰缝整齐，外表美观，结构的整体性好，但砌筑效率较低，适合于砌筑一砖或一砖半的清水墙。当砖的规格偏差较大时，采用梅花丁砌法有利于减少墙面的不整齐性。

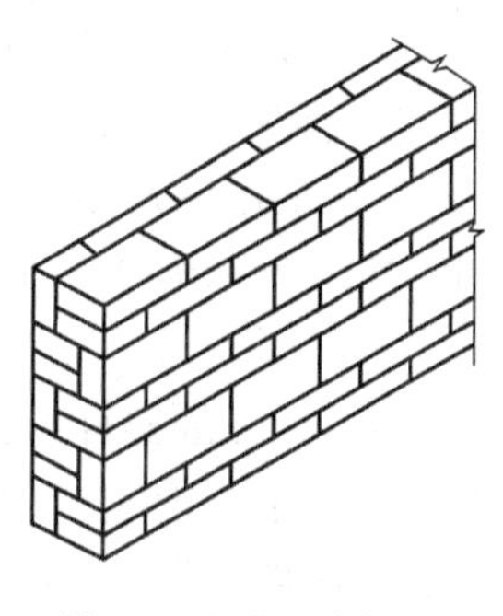

图 5-9　两平一侧砌法

图 5-10　梅花丁砌法

（5）全顺砌法。全顺砌法是指一面墙的各皮砖均为顺砖，上下皮竖缝相错 1/2 砖长，如图 5-11 所示。此砌法仅适用于半砖墙。

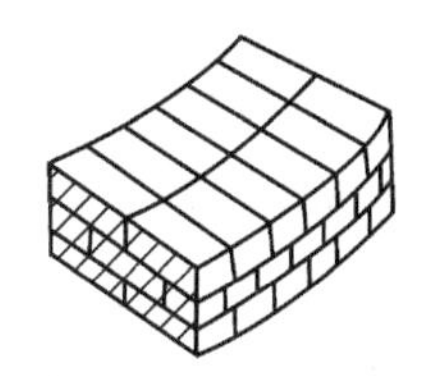

图 5-11　全顺砌法

（6）全丁砌法。全丁砌法是指一面墙的每皮砖均为丁砖，上下皮竖缝相错 1/4 砖长，适用于砌筑一砖、一砖半、两砖的圆弧形墙、烟囱筒身和圆井圈等，如图 5-12 所示。

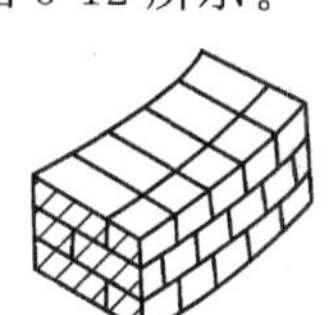

图 5-12　全丁砌法

3. 组砌矩形柱

（1）240 mm×365 mm 砖柱。240 mm×365 mm 砖柱组砌：只用整砖左右转换叠砌，但砖柱中间始终存在一道长130 mm的垂直通缝，一定程度上削弱了砖柱的整体性，这是一道无法避免的竖向通缝；如要承受较大荷载时，每隔数皮砖在水平灰缝中放置钢筋网片。图 5-13 所示为 240 mm×365 mm 砖柱的分皮砌法。

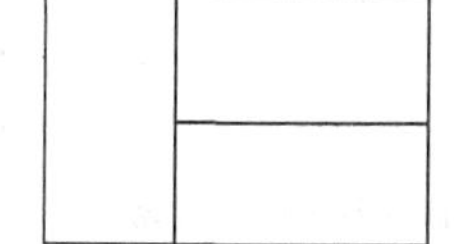

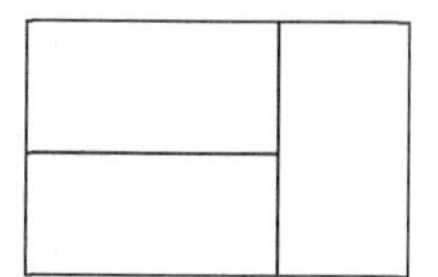

图 5-13　240 mm×365 mm 砖柱分皮砌法

（2）365 mm×365 mm 砖柱。365 mm×365 mm 砖柱有两种组砌方法：一种是每皮中采用三块整砖与两块配砖组砌，但砖柱中间有两条长 130 mm 的竖向通缝；另一种是每皮中均用配砖砌筑，如配砖用整砖砍成，则费工费料。图 5-14 所示为 365 mm×365 mm 砖柱的两种组砌方法。

（3）365 mm×490 mm 砖柱。365 mm×490 mm 砖柱有三种组砌方法：第一种砌法是隔皮用 4 块配砖，其他都用整砖，但砖柱中间有两道长 250 mm 的竖向通缝。第二种砌法是每皮中用 4 块整砖、两块配砖与一块半砖组砌，但砖柱中间有三道长 130 mm 的竖向通缝。第三种砌法是隔皮用一块整砖和一块半砖，其他都用配砖，平均每两皮砖用 7 块配砖，如配砖用整砖砍成，则费工费料。图 5-15 所示为 365 mm×490 mm 砖柱的三种分皮砌法。

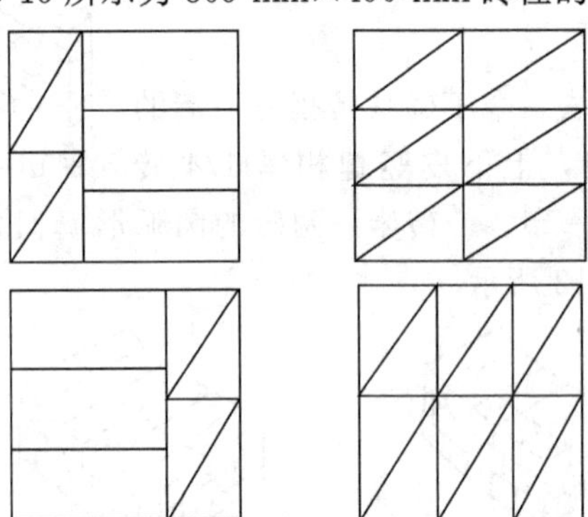

图 5-14　365 mm×365 mm 砖柱分皮砌法

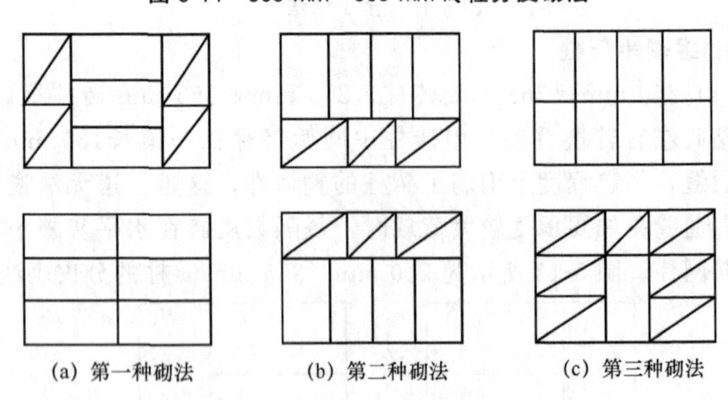

图 5-15　365 mm×490 mm 砖柱分皮砌法

（4）490 mm×490 mm 砖柱。490 mm×490 mm 砖柱有三种组砌方法：第一种砌法是两皮全部用整砖与两皮整砖、配砖、1/4 砖（各 4 块）轮流叠砌，砖柱中间有一定数量的通缝，但每隔一两皮便进行拉结，使之有效地避免竖向通缝的产生。第二种砌法是全部由整砖叠砌，砖柱中间每隔三皮竖向通缝才有一皮砖进行拉结。第三种砌法是每皮砖均用 8 块配砖与 2 块整砖砌筑。无任何内外通缝，但配砖太多，如配砖用整砖砌成，则费工费料。图 5-16 所示为 490 mm×490 mm 砖柱分皮砌法。

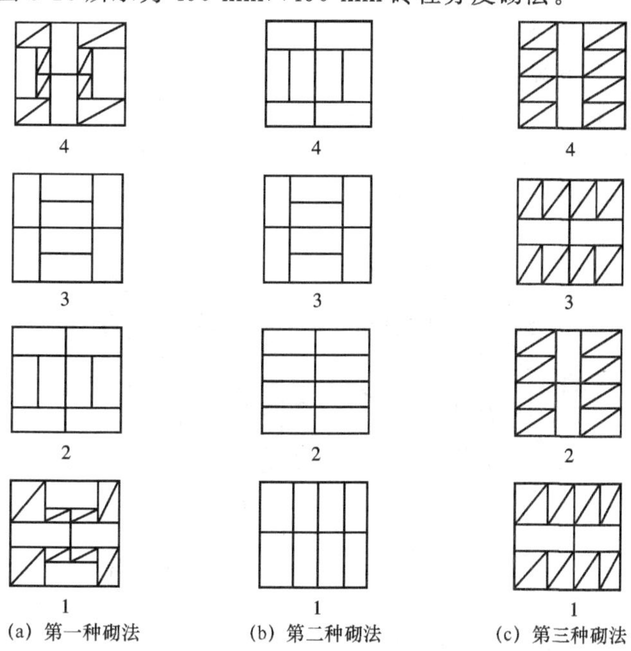

图 5-16 490 mm×490 mm 砖柱分皮砌法

（5）365 mm×615 mm 砖柱。365 mm×615 mm 砖柱组砌：一般可采用图 5-17 所示的分皮砌法。每皮中都要采用整砖与配砖，隔皮还要用半砖，半砖每砌一皮后，与相邻丁砖交换一下位置。

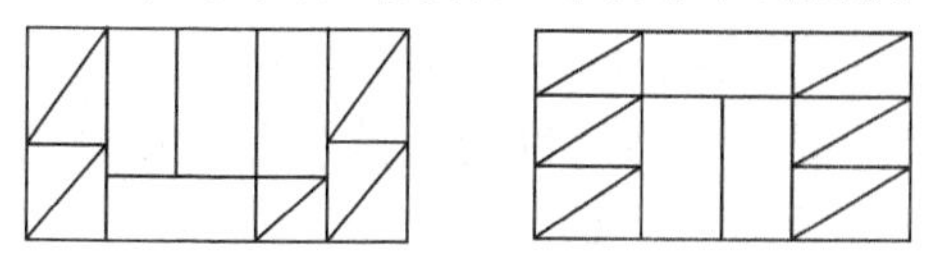

图 5-17 365 mm×615 mm 砖柱分皮砌法

（6）490 mm×615 mm 砖柱。490 mm×615 mm 砖柱组砌：一般可采用图 5-18 所示分皮砌法。砖柱中间存在两条长 60 mm 的竖向通缝。

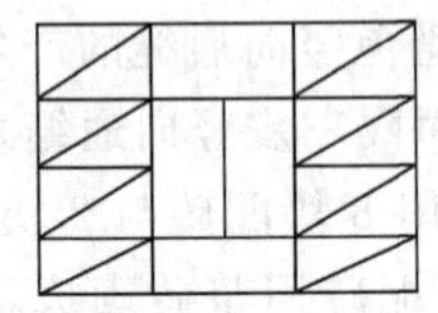

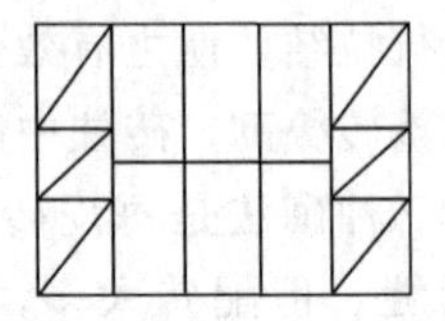

图 5-18　490 mm×615 mm 砖柱分皮砌法

4. 组砌空斗墙

（1）空斗墙的组砌。

①无眼空斗，是全部由侧立丁砖和侧立顺砖砌成的斗砖层构成的，无平卧丁砌的眼砖层。空斗墙中的侧立丁砖也可以改成每次只砌一块侧立丁砖，如图 5-19（a）所示。

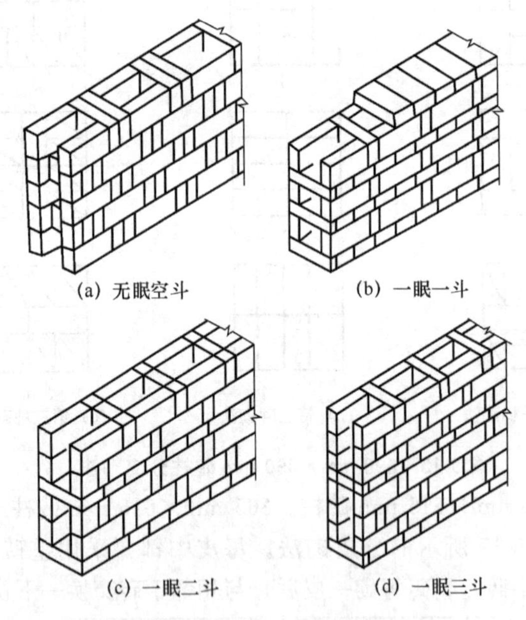

(a) 无眼空斗　(b) 一眼一斗

(c) 一眼二斗　(d) 一眼三斗

图 5-19　空斗墙的砌筑

②一眼一斗，是由一皮平卧的眼砖层和一皮侧砌的斗砖层上下间隔砌成的，如图 5-19（b）所示。

③一眼二斗，是由一皮眼砖层和二皮连续的斗砖层相间砌成

的，如图 5-19（c）所示。

④一眠三斗，是由一皮眠砖层和三皮连续的斗砖层相间砌成的，如图 5-19（d）所示。无论采用哪一种组砌方法，空斗墙中每一皮斗砖层每隔一块侧砌顺砖必须侧砌一块或两块丁砖，相邻两皮砖之间均不得有连通的竖缝。

（2）空斗墙应用眠砖或丁砖砌成实心砌体的部位。空斗墙一般用水泥混合砂浆或石灰砂浆砌筑。在有眠空斗墙中，眠砖层与丁砖层接触处以及丁砖层与眠砖层接触处，除两端外，其余部分不应填塞砂浆。空斗墙的水平灰缝厚度和竖向灰缝宽度一般为 10 mm，但不应小于 8 mm，也不应大于12 mm。空斗墙留置的洞口，必须在砌筑时留出，严禁砌完后再行砍凿。

空斗墙在墙的转角处和交接处；室内地坪以下的全部砌体；室内地坪和楼板面上要求砌三皮实心砖；三层房屋的外墙底层的窗台标高以下部分；楼板、圈梁、格栅和檩条等支承面下三至四皮砖的通长部分，且砂浆的强度等级不低于 M2.5；梁和屋架支承处按设计要求的部分；壁柱和洞口的两侧 24 cm 范围内；楼梯间的墙、防火墙、挑檐以及烟道和管道较多的墙及预埋件处；做框架填充墙时，与框架拉结筋的连接宽度内；屋檐和山墙压顶下的两皮砖部分等部位应用眠砖或丁砖砌成实心砌体。

5. 组砌砖垛

砖垛的砌筑方法，要根据墙厚不同及垛的大小而定，无论哪种砌法都应使垛与墙身逐皮搭接，不可分离砌筑，搭接长度至少为 1/2 砖长。垛根据错缝需要，可加砌七分头砖或半砖。砖垛截面尺寸不应小于 125 mm×240 mm。

砖垛施工时，应使墙与垛同时砌，不能先砌墙后砌垛或先砌垛后砌墙。

（1）125 mm×240 mm 砖垛。125 mm×240 mm 砖垛组砌，一般可采用图 5-20 所示分皮砌法，砖垛的丁砖隔皮伸入砖墙内 1/2 砖长。

（2）125 mm×365 mm 砖垛。125 mm×365 mm 砖垛组砌，一般可采用图 5-21 所示分皮砌法，砖垛的丁砖隔皮伸入砖墙内 1/2 砖长，隔皮要用两块配砖及一块半砖。

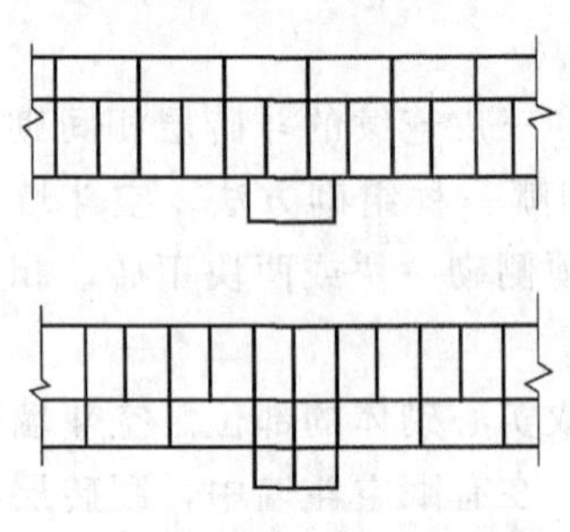

图 5-20 125 mm×240 mm 砖垛分皮砌法

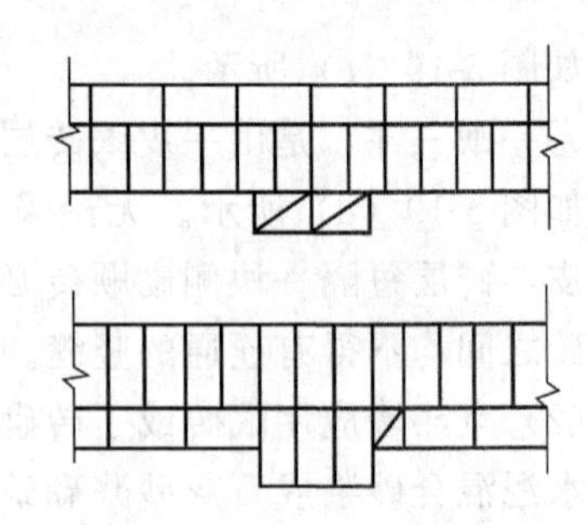

图 5-21 125 mm×365 mm 砖垛分皮砌法

(3) 125 mm×490 mm 砖垛。125 mm×490 mm 砖垛组砌，一般采用图 5-22 所示分皮砌法，砖垛丁砖隔皮伸入砖墙内 1/2 砖长，隔皮要用两块配砖及一块半砖。

(4) 240 mm×240 mm 砖垛。240 mm×240 mm 砖垛组砌，一般采用图 5-23 所示分皮砌法。砖垛丁砖隔皮伸入砖墙内 1/2 砖长，不用配砖。

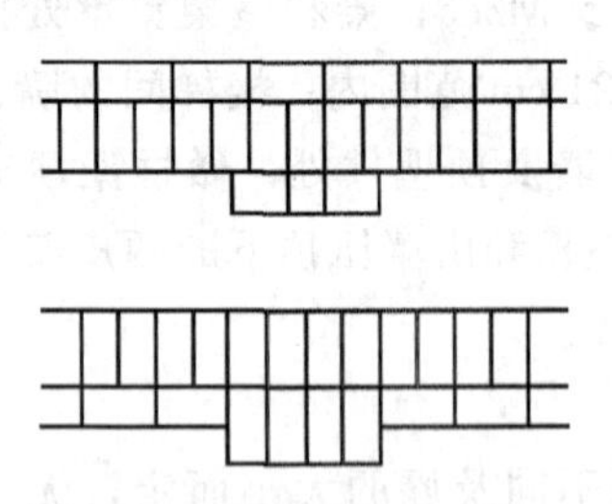

图 5-22 125 mm×490 mm 砖垛分皮砌法

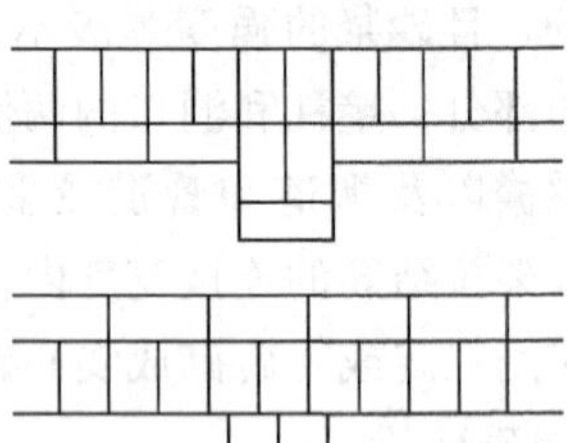

图 5-23 240 mm×240 mm 砖垛分皮砌法

(5) 240 mm×365 mm 砖垛。240 mm×365 mm 砖垛组砌，一般采用图 5-24 所示分皮砌法。砖垛丁砖隔皮伸入砖墙内 1/2 砖长，隔皮要用两块配砖。砖垛内要有两道长 120 mm 的竖向通缝。

(6) 240 mm×490 mm 砖垛。240 mm×490 mm 砖垛组砌，一般采用图 5-25 所示分皮砌法。砖垛丁砖隔皮伸入砖墙内 1/2 砖长，隔皮要用两块配砖及一块半砖。砖垛内有三道长 120 mm 的竖向通缝。

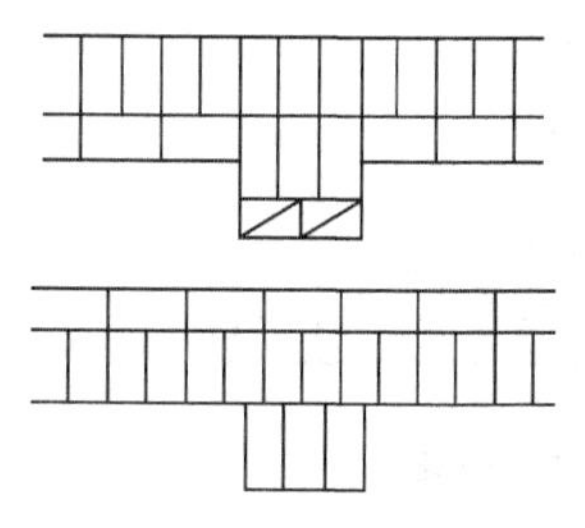

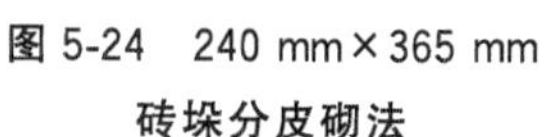

图 5-24 240 mm×365 mm 砖垛分皮砌法

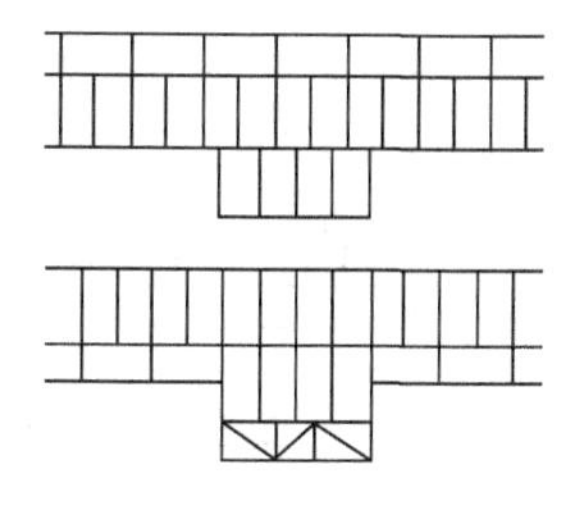

图 5-25 240 mm×490 mm 砖垛分皮砌法

6. 组砌转角

（1）一顺一丁组砌。砖墙的转角处，为了使各皮间竖缝相互错开，必须在外角处砌七分头砖。当采用一顺一丁组砌时，七分头的顺面方向依次砌顺砖，丁面方向依次砌丁砖。

一顺一丁砌一砖墙转角，如图 5-26 所示；一顺一丁砌一砖半墙转角，如图 5-27 所示。

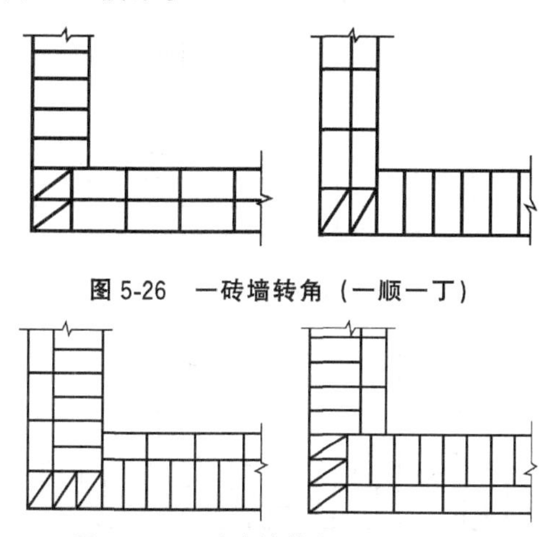

图 5-26 一砖墙转角（一顺一丁）

图 5-27 一砖半墙转角（一顺一丁）

（2）组砌梅花丁。梅花丁砌一砖墙转角，如图 5-28 所示；梅花丁砌一砖半墙转角，如图 5-29 所示。

7. 交接组砌

（1）丁字交接处。在砖墙的丁字交接处，应分皮相互砌通，内角相交处竖缝应错开 1/4 砖长，并在横墙端头处加砌七分头砖。

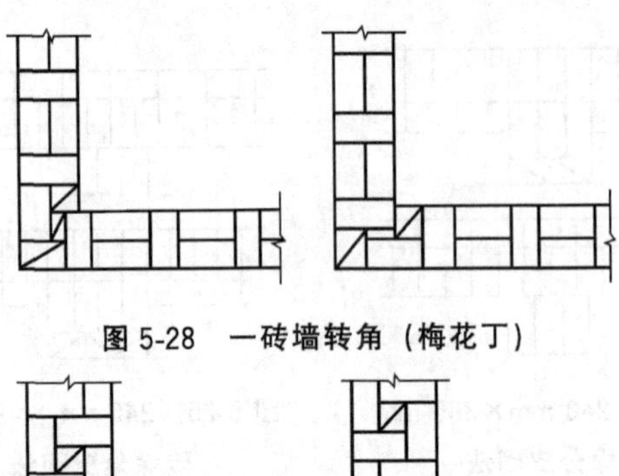

图 5-28 一砖墙转角（梅花丁）

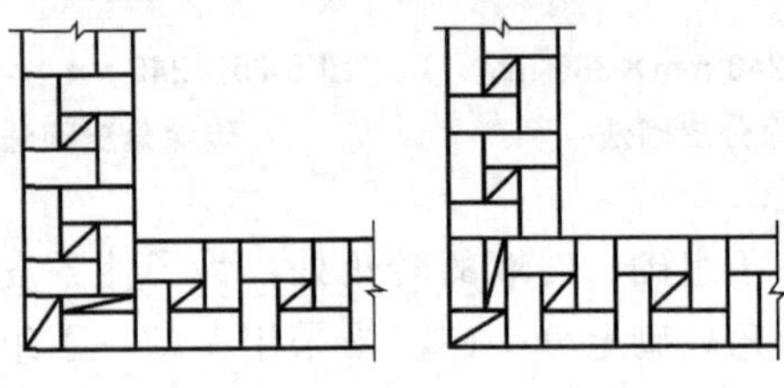

图 5-29 一砖半墙转角（梅花丁）

一顺一丁砌一砖墙丁字交接处，如图 5-30 所示；一顺一丁砌一砖半墙丁字交接处，如图 5-31 所示。

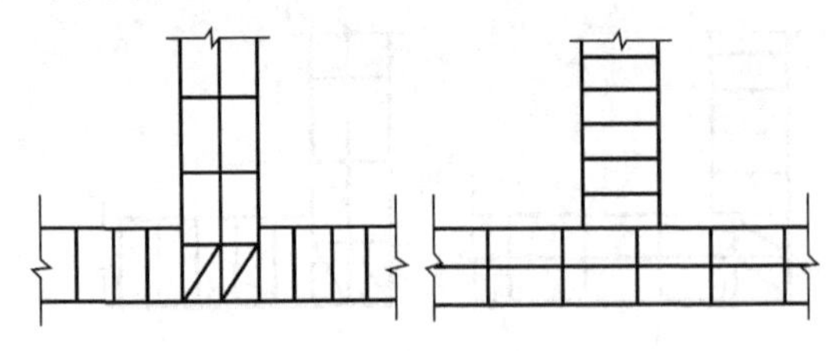

图 5-30 一砖墙丁字交接处（一顺一丁）

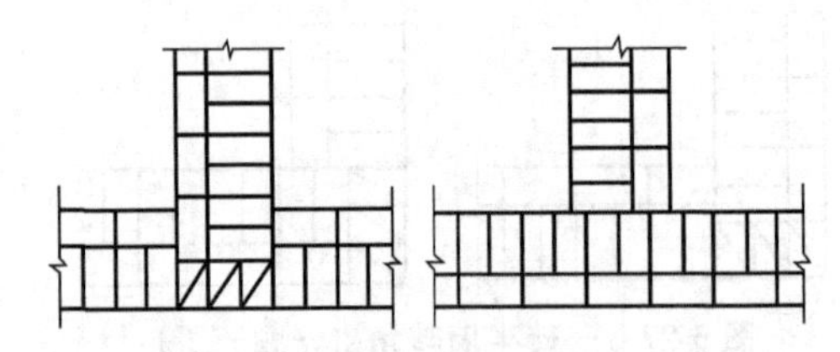

图 5-31 一砖半墙丁字交接处（一顺一丁）

（2）十字交接处。砖墙的十字交接处，应分皮相互砌通，交角处的竖缝相互错开 1/4 砖长。

一顺一丁砌一砖墙十字交接处，如图 5-32 所示；一顺一丁砌一砖半墙十字交接处，如图 5-33 所示。

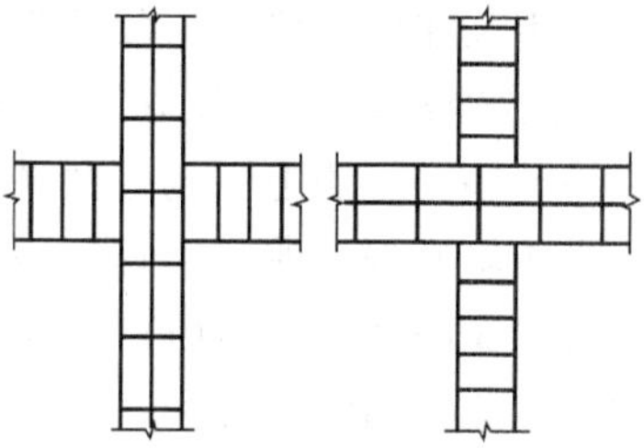

图 5-32　一砖墙十字交接处（一顺一丁）

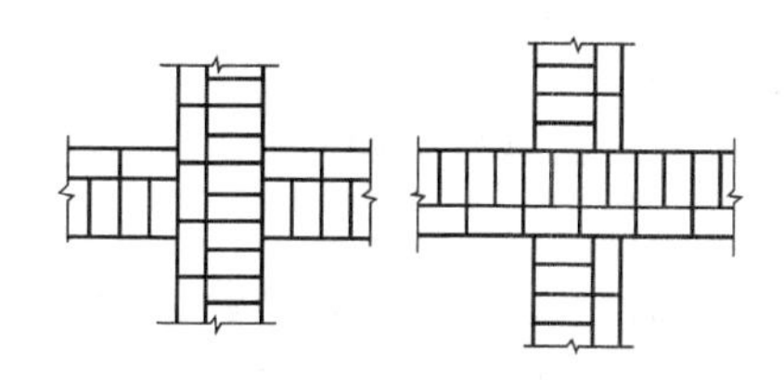

图 5-33　一砖半墙十字交接处（一顺一丁）

二、砖砌体的砌筑

1. 瓦刀披灰法

（1）瓦刀简介。瓦刀披灰法又称满刀灰法或带刀灰法，是指在砌砖时，先用瓦刀将砂浆抹在砖黏结面上和砖的灰缝处，然后将砖用力按在墙上的方法，如图 5-34 所示。该法是一种常见的砌筑方法，适用于砌空斗墙、1/4 砖墙、平拱、弧拱、窗台、花墙、炉灶等的砌筑。但其要求稠度大、黏性好的砂浆与之配合，也可使用黏土砂浆和白灰砂浆。

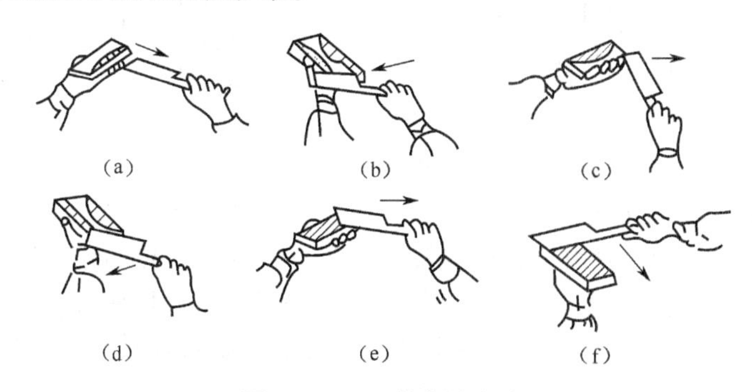

图 5-34　瓦刀披灰法砌砖

（2）操作技能。通常使用瓦刀操作时，右手拿瓦刀，左手拿砖，先用瓦刀把砂浆正手刮在砖的侧面，然后反手将砂浆抹满砖的大面，并在另一侧刮上砂浆。要刮布均匀，中间不要留空隙，四周可以厚一些，中间薄些。与墙上已砌好的砖接触的头缝即碰头灰也要刮上砂浆。当砖块刮好砂浆后，即可放在墙上，挤压至与准线平齐。如有挤出墙面的砂浆，须用瓦刀刮下填于竖缝内。

用瓦刀披灰法砌筑，能做到刮浆均匀、灰缝饱满，有利于初学砖瓦工者的手法锻炼。此法历来被列为砌筑工入门的基本训练之一。但其工效低，劳动强度大。

2.“三一”砌砖法

“三一”砌砖法的基本操作流程是“一铲灰、一块砖、一挤揉”。

(1) 步法。操作时，人应顺墙体斜站，左脚在前，离墙约 15 cm，右脚在后，距墙及左脚跟 30～40 cm。砌筑方向是由前往后退着走，这样操作可以随时检查已砌好的砖是否平直。砌完 3～4 块砖后，左脚后退一大步 70～80 cm，右脚后退半步，人斜对墙面可砌约 50 cm，砌完后左脚后退半步，右脚后退一步，恢复到开始砌砖时的位置，如图 5-35 所示。

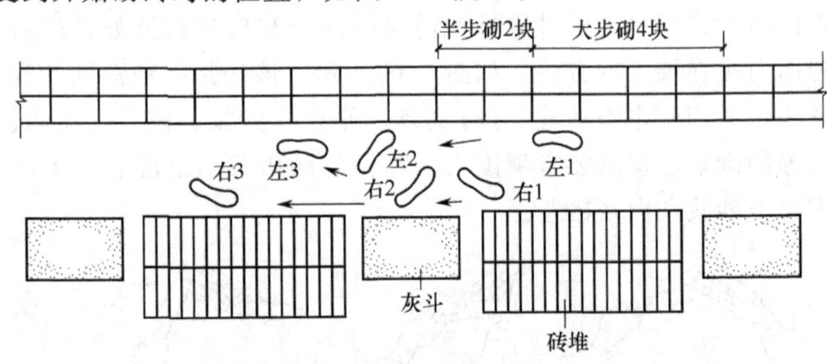

图 5-35 “三一”砌砖法的步法平面

(2) 铲灰取砖。铲灰时，应先用铲底摊平砂浆表面（便于掌握吃灰量），然后用手腕横向转动来铲灰，减少手臂动作，取灰量要根据灰缝厚度，以满足一块砖的需要量为准。取砖时，应随拿砖随挑选好下一块砖。左手拿砖，右手拿砂浆，同时拿起来，以减少弯腰次数，争取砌筑时间。

(3) 铺灰。将砂浆铺在砖面上的动作可分为甩、溜、丢、扣等几种。在砌顺砖时，当墙砌得不高且距操作处较远时，一般采用溜灰方法铺灰；当墙砌得较高且近身砌砖时，常用扣灰方法铺灰。在砌丁砖时，当砌墙较高且近身砌筑时，常用丢灰方法铺灰；在其他情况下，还经常用扣灰方法铺灰，如图 5-36 所示。

不论采用哪一种铺灰动作，都要求铺出的灰条要近似砖的外形，长度比一块砖稍长 1～2 cm，宽 8～9 cm，灰条距墙外面约 2 cm，并与前一块砖的灰条相接。

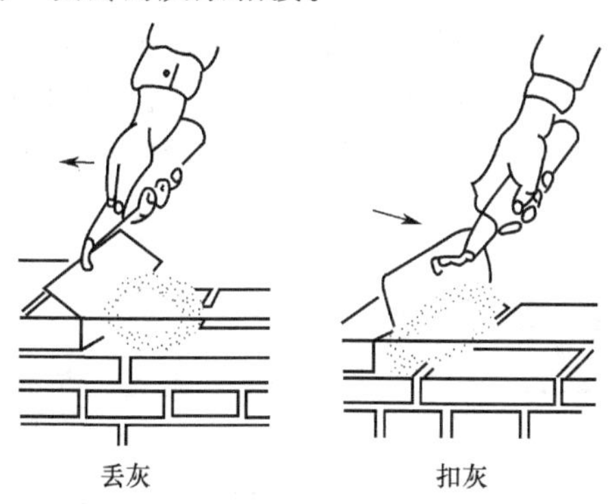

图 5-36　砌丁砖时铺灰

（4）揉挤。左手拿砖在离已砌好的前砖 3～4 cm 处开始平放推挤，并用手轻揉。在揉砖时，眼要上边看线，下边看墙皮，左手中指随即同时伸出，摸一下上、下砖棱是否齐平。砌好一块砖后，随即用铲将挤出的砂浆刮回，放在竖缝中或随手投入灰斗中。揉砖的目的是使砂浆饱满。铺在砖上的砂浆如果较薄，揉的力度要小些；砂浆较厚时，揉的力度要稍大一些。根据已铺砂浆的位置要前后揉或左右揉。总之，以揉到下齐砖棱上齐线为宜，要做到平齐、轻放、轻揉，如图 5-37 所示。

图 5-37　揉砖

（5）优缺点。

①“三一”砌砖法的优点是：由于铺出来的砂浆面积相当于一块砖的大小，并且随即揉砖。因此，灰缝容易饱满，黏结力强，能保证砌筑质量。在挤砌时，随手刮去挤出的砂浆，使墙保

持清洁。

②“三一”砌砖法的缺点是：一般是个人操作，操作时取砖、铲灰、铺灰、转身、弯腰等烦琐动作较多，影响砌筑效率，因而可用两铲灰砌三块砖或三铲灰砌四块砖的方法来提高效率。这种操作方法适合于砌窗间墙、砖柱、砖垛、烟囱等较短的部位。

3. 坐浆法

坐浆砌砖法又称摊尺砌砖法，是指在砌砖时，先在墙上铺50 cm左右的砂浆，用摊尺找平，然后在已铺设好的砂浆上砌砖的方法，如图5-38所示。该法适用于砌门窗洞较多的砖墙或砖柱。

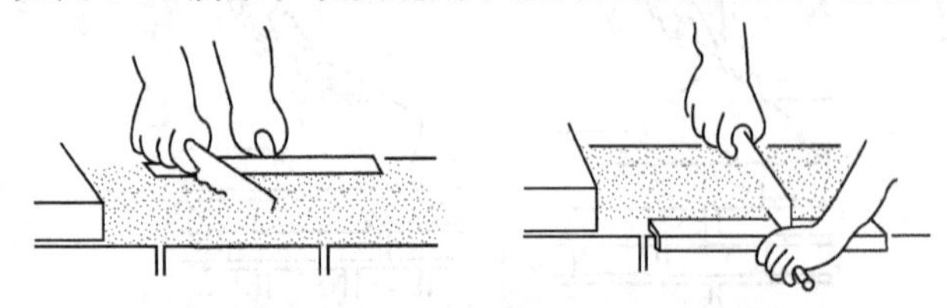

图5-38 坐浆砌砖法

（1）操作要点。操作时，人站立的位置距离墙面10～15 cm为宜，左脚在前，右脚在后，人斜对墙面，随着砌筑前进方向退着走，每退一步可砌3～4块顺砖长。

操作时通常使用瓦刀，用灰勺和大铲舀砂浆，均匀地倒在墙上，然后左手拿摊尺刮平。砌砖时左手拿砖，右手用瓦刀在砖的头缝处打上砂浆，随即砌上砖并压实。砌完一段铺灰长度后，将瓦刀放在最后砌完的砖上，转身再舀灰，如此逐段铺砌。每次砂浆摊铺长度应看气温高低、砂浆种类及砂浆稠度而定，每次砂浆摊铺长度不宜超过75 cm，气温在30℃以上，不应超过50 cm。

（2）注意事项。在砌筑时，应注意砖块头缝的砂浆。另外用瓦刀抹上去，不允许在铺平的砂浆上刮取，以免影响水平灰缝的饱满程度。摊尺铺灰砌筑过程中，当砌一砖墙时，可一人自行铺灰砌筑；墙较厚时，可组成二人小组，一人铺灰，一人砌墙，分工协作，密切配合，这样才能提高工效。

该法因摊尺厚度同灰缝一样为10 mm，故灰缝厚度能够控制，便于掌握砌体的水平缝平直。又由于铺灰时摊尺靠墙阻挡砂浆流到墙面，所以墙面清洁美观，砂浆耗损少。但砖只能摆砌，不能挤砌，同时铺好的砂浆容易失水变稠干硬，因此黏结力较差。

4. 铺挤法

铺灰挤砌法是采用一定的铺灰工具，如铺灰器等，先在墙上用铺灰器铺一段砂浆，然后将砖紧压于砂浆层，推挤砌于墙上的方法。铺灰挤砌法分为单手挤浆法和双手挤浆法两种。

(1) 单手挤浆法。一般用铺灰器铺灰，操作者应沿砌筑方向退着走。砌顺砖时，左手拿砖距前面的砖块 5～6 cm 处将砖放下，砖稍蹭灰面，沿水平方向向前推挤，把砖前灰浆推起作为立缝处砂浆（俗称挤头缝），如图 5-39 所示，并用瓦刀将水平灰缝挤出墙面的灰浆刮清甩填于立缝内。当砌顶砖时，将砖擦灰面放下后，用手掌横向往前挤，挤浆的砖口要略呈倾斜，用手掌横向往前挤，到将接近一指缝时，砖块略向上翘，以便带起灰浆挤入立缝内，将砖压至与准线平齐为止，并将内外挤出的灰浆刮清，甩填于立缝内。挤浆砌筑时，手掌要用力，使砖与砂浆密切结合。

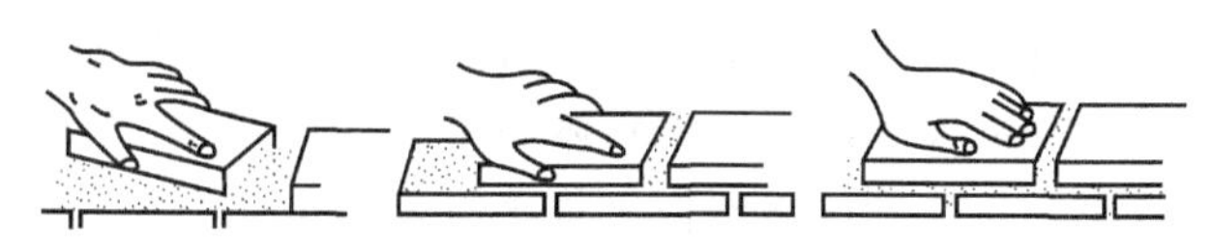

图 5-39　单手挤浆法

(2) 双手挤浆法。双手挤浆法操作时，使靠墙的一只脚脚尖稍偏向墙边，另一只脚向斜前方踏出约 40 cm，随着砌砖动作灵活移动，使两脚很自然地站成“T”字形。身体离墙约7 cm，胸部略向外倾斜。这样，便于操作者转身拿砖、挤砖和看棱角。

拿砖时，靠墙的一只手先拿，另一只手跟着上去拿，也可双手同时取砖；两眼要迅速查看砖的边角，将棱角整齐的一边先砌在墙的外侧；取砖和选砖几乎同时进行。因此操作必须熟练，无论是砌顶砖还是顺砖，靠墙的一只手先挤，另一只手迅速跟着挤砌。其他操作方法与单手挤浆法相同。

如砌丁砖，当手上拿的砖与墙上原砌的砖相距 5～6 cm 时，如砌顺砖，距离约 13 cm 时；把砖的一头或一侧抬起约4 cm，将

砖插入砂浆中，随即将砖放平，手掌不要用力挤压，只需依靠砖的倾斜自坠力压住砂浆，平推前进。若竖缝过大，可用手掌稍加压力，将灰缝压实至 1 cm 为止。然后看准砖面，如有不平，用手掌加压，使砖块平整。由于顺砖长，因而要特别注意砖块下齐边棱上平线，以防墙面产生凹进凸出和高低不平现象，如图 5-40 所示。

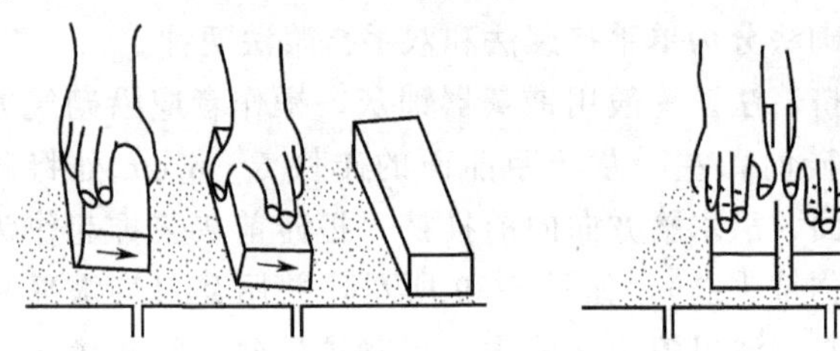

图 5-40　双手挤浆砌丁砖

该法在操作时减少了每块砖要转身、铲灰、弯腰、铺灰等动作，可大大减轻劳动强度，还可组成两人或三人小组，铺灰、砌砖分工协作，密切结合，这样才能提高工效。此外，由于挤浆时平推平挤，使灰缝饱满，充分保证墙体质量。但要注意，砂浆保水性能不好且砖湿润不符合要求时，若操作不熟练、推挤动作稍慢，往往会出现砂浆干硬，造成砌体黏结不良。因此，在砌筑时要求快铺快砌，挤浆时严格掌握平推平挤，避免前低后高，以免把砂浆挤成沟槽，使灰浆不饱满。

5. “二三八一”法

砌筑工砌砖的动作过程归纳为两种步法、三种弯腰姿势、八种铺灰手法、一种挤浆动作，叫作“二三八一砌砖动作规范”，简称“二三八一”操作法。“二三八一”砌筑法中的两种步法，即操作者以丁字步与并列步交替退行操作；三种身法，即操作过程中采用侧弯腰、丁字步弯腰与并列步弯腰三种弯腰姿势进行操作；八种铺灰手法，即砌条砖采用甩、扣、溜、泼 4 种手法和砌丁砖采用扣、溜、泼、“一带二”等 4 种手法；一种挤浆动作，即平推挤浆法。

(1) 两种步法。砌砖时采用“拉槽取法”，操作者背向砌砖前进方向退步砌筑。开始砌筑时，人斜站成丁字步，左脚在前、右脚在后，后腿紧靠灰斗。这种站立方法稳定有力，可以适应砌筑部位远近高低的变化，只要把身体的重心在前后之间变换，就可以完成砌筑任务。

后腿靠近灰斗以后，右手自然下垂，就可以方便地在灰斗中取灰。右脚绕脚跟稍微转动一下，又可以方便地取到砖块。

砌到近身以后，左脚后撤半步，右脚稍稍移动即变为并列步，操作者基本上面对墙身，又可完成 50 cm 长的砖墙砌筑。在并列步时，靠两脚的稍微旋转来完成取灰和取砖的动作。

一段砌筑全部砌完后，左足后撤半步，右足后撤一步，第二次又站成丁字步，再继续重复前面的动作。每一次步法的循环，可以完成 1.5 m 的墙体砌筑，所以要求操作面上灰斗的排放间距也是 1.5 m。这一点与“三一”砌筑法是一样的。

（2）三种弯腰姿势。

三种弯腰姿势的动作如图 5-41 所示。

(a) 丁字步弯腰一　(b) 丁字步弯腰二　(c) 丁字步弯腰三

(d) 并列步正弯腰　(e) 侧身弯腰一　(f) 侧身弯腰二

图 5-41　三种弯腰姿势的动作

①侧身弯腰。当操作者以丁字步的姿势铲灰和取砖时，应采取侧身弯腰的动作，利用后腿微弯、斜肩和侧身弯腰来降低身体的高度，以达到铲灰和取砖的目的。侧身弯腰时动作时间短，腰部只承担轻度的负荷。在完成铲灰取砖后，可借助伸直后腿和转身的动作，使身体重心移向前腿而转换成正弯腰（砌低矮墙身时）。

②丁字步正弯腰。当操作者站成丁字步，并砌筑离身体较远的矮墙身时，应采用丁字步正弯腰的动作。

③并列步正弯腰。丁字步正弯腰时重心在前腿，当砌到近身砖墙并改换成并列步砌筑时，操作者就取并列步正弯腰的动作。

(3) 八种铺灰手法。

①砌条砖时的四种手法：

a. 甩法。甩法是“三一”砌筑法中的基本手法，适用于砌离身体部位低且远的墙体。铲取砂浆要求呈均匀的条状，当大铲提到砌筑位置时，将铲面转 90°，使手心向上，同时将灰顺砖面中心甩出，使砂浆呈条状均匀落下，甩灰的动作分解如图 5-42 所示。

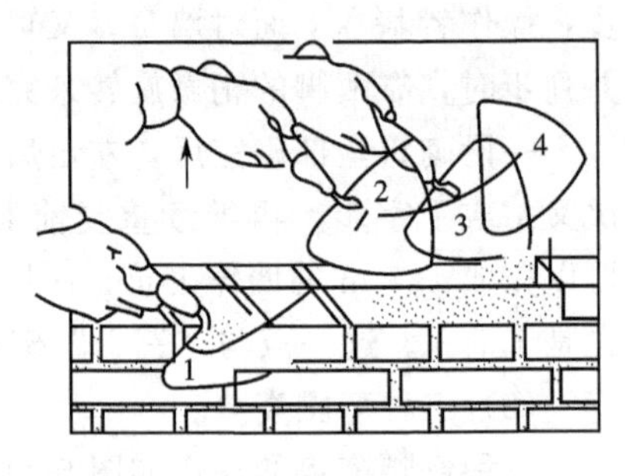

图 5-42 甩灰的动作分解

b. 扣法。扣法适用于砌近身和较高部位的墙体，人站成并列步。铲灰时以后腿足跟为轴心转向灰斗，转过身来反铲扣出灰条，铲面的运动路线与甩法正好相反，也可以说是一种反甩法，尤其在砌低矮的近身墙时更是如此。扣灰时手心朝下，利用手臂的前推力和落砂浆的重力，使砂浆呈条状均匀落下，其动作形式如图 5-43 所示。

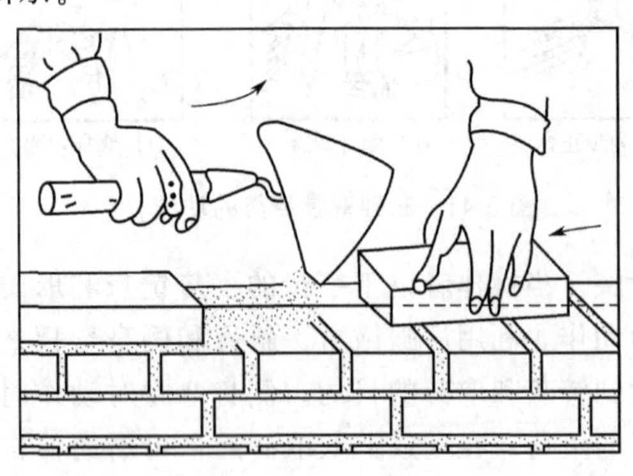

图 5-43 扣灰动作分解

c. 泼法。泼法适用于砌近身部位及身体后部的墙体，用大铲铲取扁平状的灰条，提到砌筑面上，将铲面翻转，手柄在前，平行向前推进泼出灰条，其手法如图 5-44 所示。

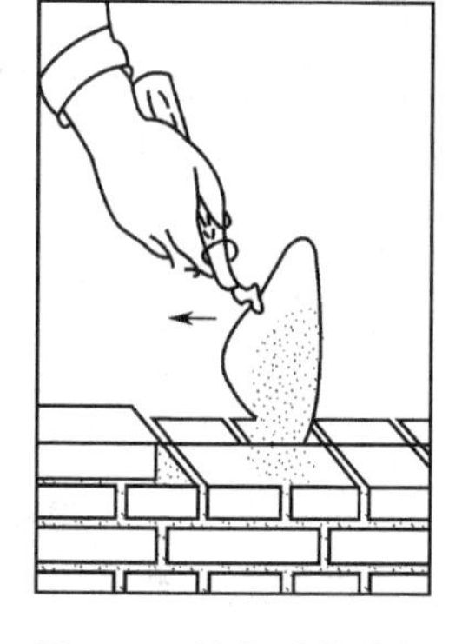

图 5-44　泼灰动作分解

d. 溜法。当砌角砖时，铲取扁平状均匀的灰条，将灰铲送到墙角，抽铲落灰，使砌角砖减少落地灰。

②砌丁砖时的四种手法：

a. 砌里丁砖的溜法。溜法适用砌一砖半墙的里丁砖，铲取的灰条要求呈扁平状，前部略厚，铺灰时将手臂伸过准线，使大铲边与墙边取平，采用抽铲落灰的办法，具体方法如图 5-45 所示。

b. 砌里丁砖的扣法。铲灰条时要求做到前部略低，扣到砖面上后，灰条外口稍厚，其动作如图 5-46 所示。

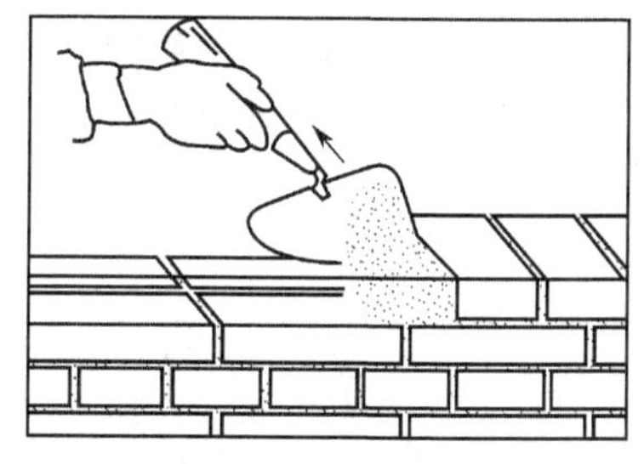

图 5-45　砌里丁砖的溜法

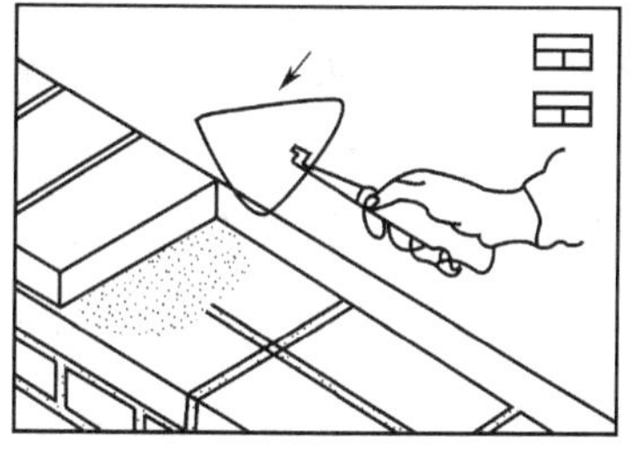

图 5-46　砌里丁砖“扣”的铺灰动作

c. 砌外丁砖的泼法。砌三七墙外丁砖时可采用泼法。大铲铲取扁平状的灰条，泼灰时落点向里移一点儿，可以避免反面刮浆的动作。砌离身体较远的砖可以平拉反泼，砌近身处的砖采用正泼，其手法如图 5-47 所示。

砌角砖时，用大铲铲起扁平状的灰条，提送到墙角部位并与墙边取齐，然后抽铲落灰。采用这一手法可减少落地灰，其动作如图 5-48 所示。

d. “一带二”铺灰法。由于砌丁砖时，竖缝的挤浆面积比条砖大 1 倍，外口砂浆不易挤严，可以先在灰斗处将丁砖的碰头灰

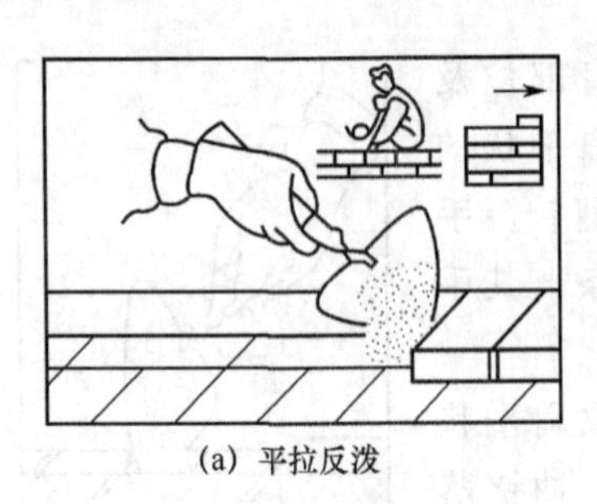
(a) 平拉反泼

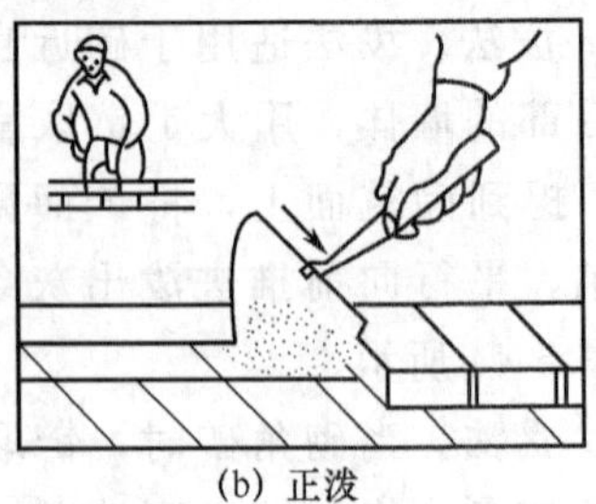
(b) 正泼

图 5-47 砌外丁砖时的泼法

打上，再铲取砂浆转身铺灰砌筑，这样做就多了一次打灰动作。“一带二”铺灰法是将这两个动作合并起来，利用在砌筑面上铺灰时，就将砖的丁头伸入落灰处接打碰头灰。这种做法铺灰后要摊一下砂浆，才可摆砖挤浆，在步法上也要做相应变换，其手法如图 5-49 所示。

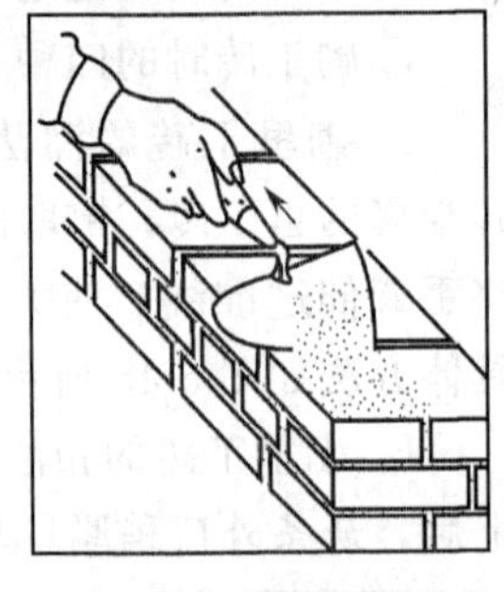
图 5-48 砌角砖“溜”的铺灰动作

（4）挤浆。挤浆时，应将砖落在灰条 2/3 处，挤浆平推，将高出灰缝厚度的那部分砂浆挤入竖缝内。如果铺灰过厚，可用揉搓的办法将过多的砂浆挤出。

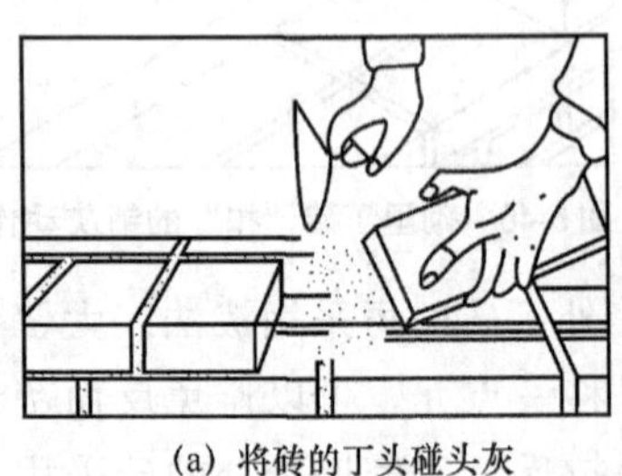
(a) 将砖的丁头碰头灰

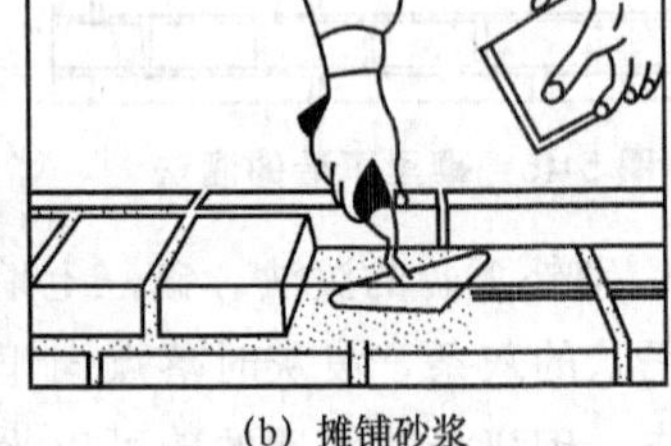
(b) 摊铺砂浆

图 5-49 “一带二”铺灰动作（适用于砌外丁砖）

在挤浆和揉搓时，大铲应及时接刮从灰缝中挤出的余浆并甩入竖缝内，当竖缝严实时也可甩入灰斗中。如果是砌清水墙，可以用铲尖稍稍伸入平缝中刮浆，这样不仅刮了浆，而且减少勾缝的工作量和节约材料，挤浆和刮余浆的动作如图 5-50 所示。

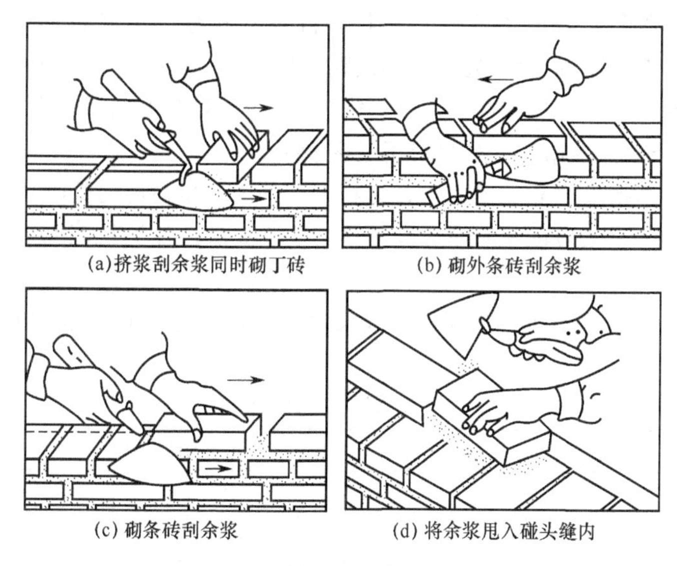
(a)挤浆刮余浆同时砌丁砖
(b) 砌外条砖刮余浆
(c) 砌条砖刮余浆
(d) 将余浆甩入碰头缝内

图 5-50　挤浆和刮余浆的动作

三、烧结普通砖的砌筑

1. 砌筑基础

(1) 施工准备。

①砖基础工程所用的材料应有产品合格证书、产品性能检测报告，还应有砖、水泥、外加剂等材料主要性能的进场复验报告。严禁使用国家或本地区明令淘汰的材料。

②基槽或基础垫层已完成，并验收及办完隐检手续。

③置龙门板或龙门桩，标出建筑物的主要轴线，标出基础及墙身轴线及标高，并弹出基础轴线和边线；立好皮数杆（间距为15～20 m，转角处均应设立），办完预检手续。

④根据皮数杆最下面一层砖的标高，拉线检查基础垫层、表面标高是否合适，如第一层砖的水平灰缝大于 20 mm 时，应用细石混凝土找平，不得用砂浆或在砂浆中掺细砖或碎石处理。

⑤常温天气下施工时，砌砖前 1 d 应将砖浇水湿润，砖以水浸入表面 10～20 mm 深为宜；雨天作业不得使用含水率呈饱和状态的砖。

⑥砌筑部位的灰渣、杂物应清除干净，基层浇水湿润。

⑦砂浆配合比由实验室根据实际材料确定。准备好砂浆试模。应按试验确定的砂浆配合比拌制砂浆，并搅拌均匀。常温天气下拌好的砂浆应在拌和后 3～4 h 内用完；当气温超过 30℃时，应在 2～3 h 内用完。严禁使用过夜砂浆。

⑧基槽安全防护已完成，无积水，并通过质检员的验收。

⑨脚手架应随砌随搭设，运输通道通畅，各类机具应准备就绪。

⑩砌筑基础前，应校核放线尺寸，允许偏差应符合表 5-1 的规定。

表 5-1　放线尺寸的允许偏差

长度 L/m、宽度 B/m	允许偏差/mm
L（或 B）≤30	±5
30<L（或 B）≤60	±10
60<L（或 B）≤90	±15
L（或 B）>90	±20

⑪基底标高不同时，应从低处砌起，并应由高处向低处搭砌。当设计无要求时，搭接长度不应小于基础扩大部分的高度。

⑫基础的转角处和交接处应同时砌筑。当不能同时砌筑时，应按规定留槎、接槎。

（2）基础弹线。在基槽四角各相对龙门板的轴线标钉上拴上白线挂紧，沿白线挂线锤，找出白线在垫层面上的投影点，把各投影点连接起来，即基础的轴线。按基础图所示尺寸，用钢尺向两侧量出各道基础底部大脚的边线，在垫层上弹上墨线。如果基础下没有垫层，无法弹线，可将中线或基础边线用大钉子钉在槽沟边或基底上，以便挂线。

（3）设置皮数杆。基础皮数杆的位置应设在基础转角、内外墙基础交接处及高低踏步处，如图 5-51 所示。基础皮数杆上应标明大放脚的皮数、退台、基础的底标高、顶标高以及防潮层的位置等。如果相差不大，可在大放脚砌筑过程中逐皮调整，灰缝可适当加厚或减薄（俗称提灰或刹灰），但要注意在调整中防止砖错层。

（4）排砖撂底。砌筑基础大放脚时，可根据垫层上弹好的基础线按“退台压顶”的方法先进行摆砖撂底。具体方法是根据基底尺寸边线和已确定的组砌方式及不同的砂浆，用砖在基底的一段长度上干摆一层，摆砖时应考虑竖缝的宽度，并按“退台压顶”的原则进行，上、下皮砖错缝达1/4砖长，在转角处用“七分头”来调整搭接，避免立缝、重缝。摆完后应经复核无误才能正式砌筑。为了砌筑时有规律可循，必须先在转角处将角盘起，再以两端转角为标准拉准线，并按准线逐皮砌筑。当大放脚返台到实墙后，再按墙的组砌方法砌筑。排砖撂底工作的好坏影响整个基础的砌筑质量，必须严肃认真地做好。

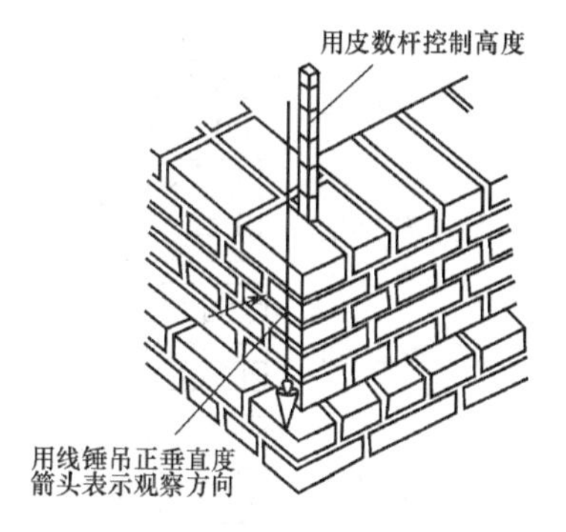

图 5-51　基础皮数杆设置示意

常见排砖撂底方法包括“六皮三收”等高式大放脚（图5-52）和六皮四收间隔式大放脚（图 5-53）。

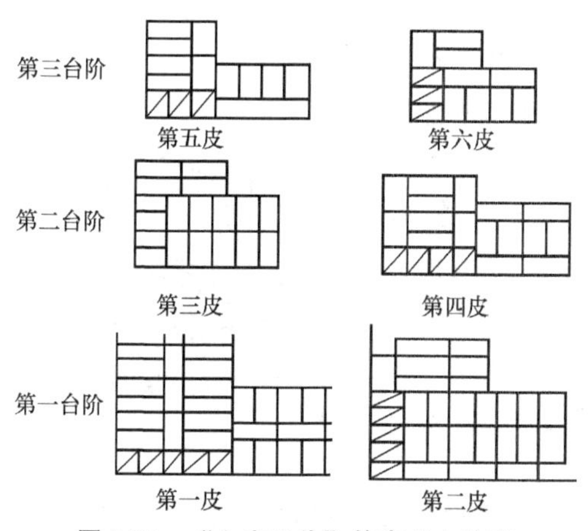

图 5-52　“六皮三收”等高式大放脚

（5）盘角。盘角即在房屋的转角、大角处立皮数杆砌好墙角。每次盘角高度不得超过五皮砖，并需用线锤检查垂直度和用皮数杆检查其标高有无偏差。如有偏差时，应在砌筑大放脚的操作过程中逐皮进行调整（俗称提灰缝或刹灰缝）。调整中，应防

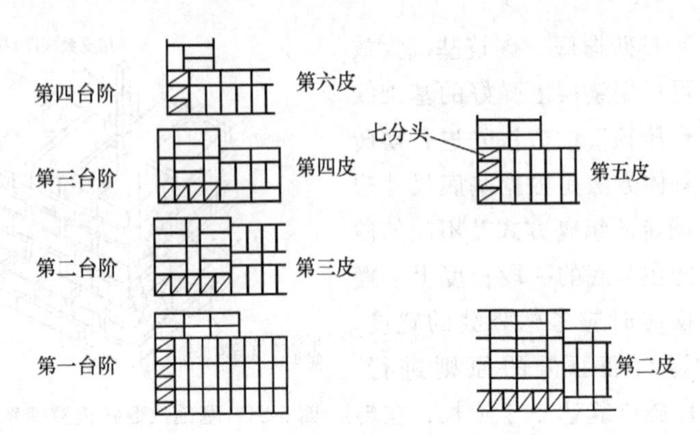

图 5-53　六皮四收间隔式大放脚

止砖错层，即要避免“螺丝墙”情况。

（6）收台阶。基础大放脚每次收台阶必须用尺量准尺寸，其中部的砌筑应以大角处准线为依据，不能用目测或砖块比量，以免出现误差。在收台阶完成后和砌基础墙之前，应利用龙门板的“中心钉”拉线检查墙身中心线，并用红铅笔将“中”字画在基础墙侧面，以便随时检查复核。

（7）砌筑要点。

①内外墙的砖基础均应同时砌筑。如因特殊原因不能同时砌筑时，应留设斜槎（踏步槎），斜槎长度不应小于斜槎的高度。基础底标高不同时，应由低处砌起，并由高处向低处搭接；如设计无具体要求时，其搭接长度不应小于大放脚的高度，如图 5-54 所示。

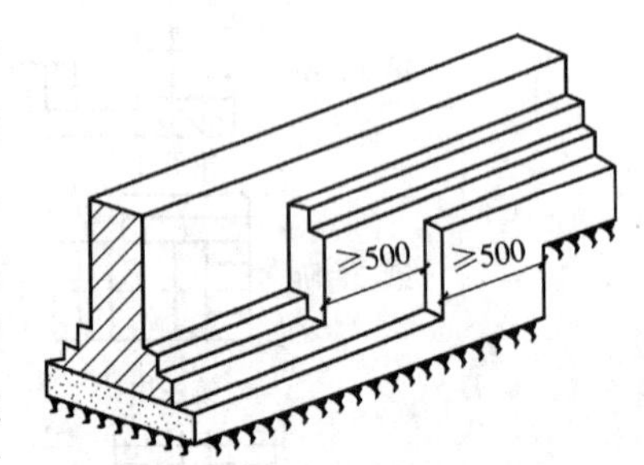

图 5-54　砖基础高低接头处砌法

②在基础墙的顶部、首层室内地面（±0.000）以下一皮砖处（−0.006 m），应设置防潮层。如设计无具体要求，防潮层宜采用 1：2.5 的水泥砂浆加适量的防水剂经机械搅拌均匀后铺设，其厚度为 20 mm。抗震设防地区的建筑物严禁使用防水卷材作基础墙顶部的水平防潮层。

③建筑物首层室内地面以下部分的结构为建筑物的基础，但为了施工方便，砖基础一般只能做到防潮层。

④基础大放脚的最下一皮砖、每个大放脚台阶的上表层砖，均应采用横放丁砌砖所占比例最多的排砖法砌筑，此时不必考虑外立面上下一顺一丁相间隔的要求，以便增强基础大放脚的抗剪强度。基础防潮层下的顶皮砖也应采用丁砌为主的排砖法。

⑤砖基础水平灰缝和竖缝宽度应控制在 8～12 mm，水平灰缝的砂浆饱满度用百格网检查不得小于 80%。砖基础中的洞口、管道、沟槽和预埋件等，砌筑时应留出或预埋宽度超过 300 mm 的洞口设置过梁。

⑥基底宽度为两砖半的大放脚转角处和十字交接处，两砖半大脚转角处的组砌方法如图 5-55 所示，两砖半大放脚十字交接处砌法如图 5-56 所示。T 形交接处的组砌方法可参照十字接头处的组砌方法，即将图中竖向直通墙基础的一端（如下端）截断，改用七分头砖作端头砖即可。有时为了正好放下七分头砖，需将原直通墙的排砖图上错半砖长。

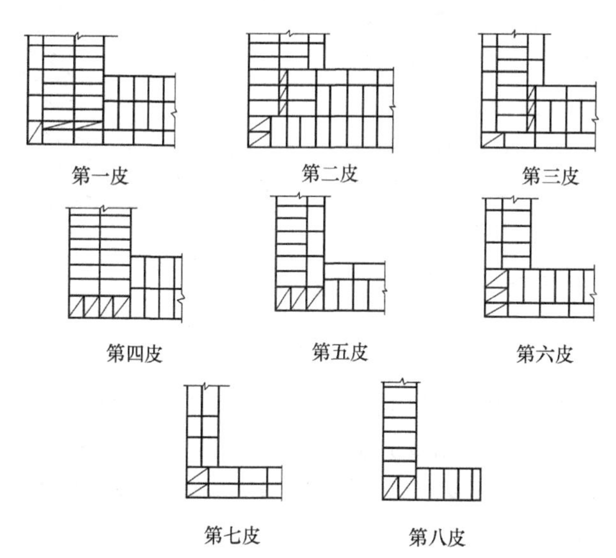

图 5-55　两砖半大放脚转角处砌法

⑦基础十字形、T 形交接处和转角处组砌的共同特点是：穿

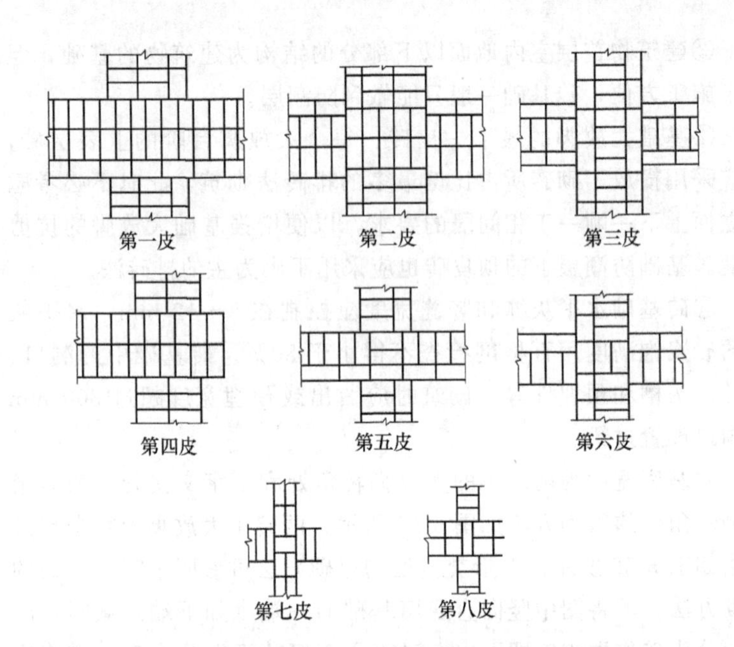

图 5-56 两砖半大放脚十字交接处砌法

过交接处的直通墙基础的应采用一皮砌通与一皮从交接处断开相间隔的组砌形式；T形交接处、转角处的非直通墙的基础与交接处也应采用一皮搭接与一皮断开相间隔的组砌形式，并在其端头加七分头砖（3/4 砖长，实长应为 177～178 mm）。

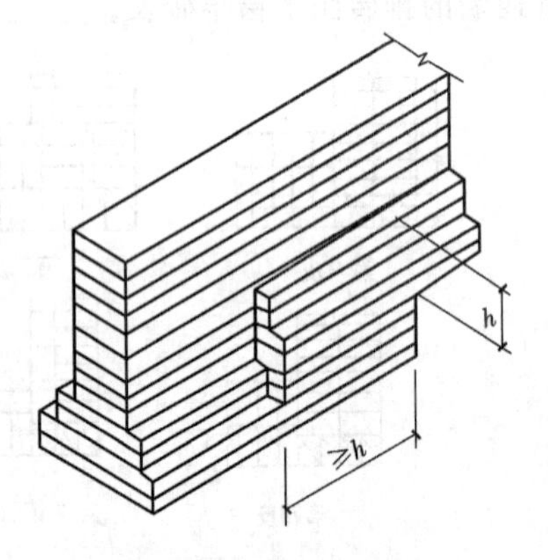

图 5-57 基底标高不同时砖基础的搭砌

⑧砖基础底标高不同时，应从低处砌起，并应由高处向低处搭砌，当设计无要求时，搭砌长度不应小于砖基础大放脚的高度，如图 5-57 所示。

⑨砖基础的转角处和交接处应同时砌筑，当不能同时砌筑时，应留置斜槎。

（8）防潮层施工。抹基础防潮层应在基础墙全部砌到设计标高，并在室内回填土已完成时进行。防潮层的设置是为了防止土壤中水分沿基础墙中砖的毛细管上升而侵蚀墙体，造成墙身的表面抹灰层脱落，甚至墙身受潮、冻结膨胀而被破坏。如果基础墙顶部有钢筋混凝土地圈梁，则可以代替防潮层；如没有地圈梁，则必须做防潮层，即在砖基础上，室内地坪±0.000 以下 60 mm 处设置防潮层，以防止地下水上升。防潮层的做法，一般是铺抹 20 mm 厚的防水砂浆。防水砂浆可采用 1∶2 水泥砂浆，加入水泥质量 3%～5%的防水剂搅拌而成。如使用防水粉，应先把粉剂和水搅拌成均匀的稠浆再添加到砂浆中去，不允许用砌墙砂浆加防水剂来抹防潮层；也可浇筑 60 mm 厚的细石混凝土防潮层。对防水要求高的，可再在砂浆层上铺油毡，但在抗震设防地区不能用。抹防潮层时，应先在基础墙顶的侧面抄出水平标高线，然后用直尺夹在基础墙两侧，尺面按水平标高线找准，然后摊铺防水砂浆，待初凝后再用木抹子收压一遍，做到平实且表面拉毛。

（9）注意事项。

①沉降缝两边的基础墙按要求分开砌筑，两侧的墙要垂直，缝的大小上下要一致，不能贴在一起或者搭砌，缝中不得落入砂浆或碎砖，先砌的一边墙应把舌头灰刮清，后砌的一边墙的灰缝应缩进砖口，避免砂浆堵住沉降缝，影响自由沉降。为避免缝内掉入砂浆，可在缝中间塞上木板，随砌筑随将木板上提。

②基础的埋置深度不等高，呈踏步状时，砌砖时应先从低处砌起，不允许先砌上面后砌下面，在高低台阶接头处，下面台阶要砌长不小于 50 cm 的实砌体，砌到上面后与上面的砖一起退台。

③基础预留孔必须在砌筑时留出，位置要准确，不得事后凿基础。

④灰缝要饱满，每次收砌退台时应用稀砂浆灌缝，使立缝密实，以抵御水的侵蚀。

⑤基础墙砌完，经验收后进行回填，回填时应在墙的两侧同时进行，以免单面填土使基础墙在土压力下变形。

2. 砌筑砖墙

实心砖墙是用烧结普通砖与水泥混合砂浆砌成的，砖的强度

等级宜不低于 MU10，砂浆强度等级宜不低于 M2.5。

（1）实心砖墙组砌方式。实心墙体一般采用一顺一丁（满丁满条）、梅花丁或三顺一丁砌法，如图 5-58 所示，其中代号 M 的多孔砖的砌筑形式只有全顺，每皮均为顺砖，其砖孔平行于墙面，上下皮竖缝相互错开 1/2 砖长，如图 5-59 所示。

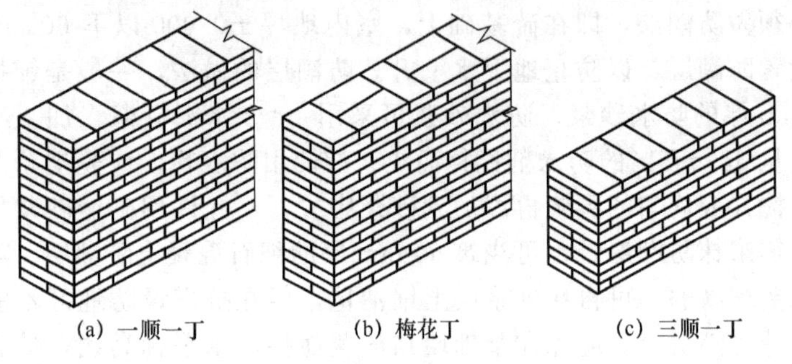

(a) 一顺一丁　　(b) 梅花丁　　(c) 三顺一丁

图 5-58　砖墙组砌方式

代号 P 的多孔砖有一顺一丁及梅花丁两种砌筑形式，一顺一丁是一皮顺砖与一皮丁砖相隔砌成，上下皮竖缝相互错开 1/4 砖长；梅花丁是每皮中顺砖与顶砖相隔，顶砖坐中于顺砖，上下皮竖缝相互错开 1/4 砖长，如图 5-60 所示。

图 5-59　代号为 M 的多孔砖砌筑形式

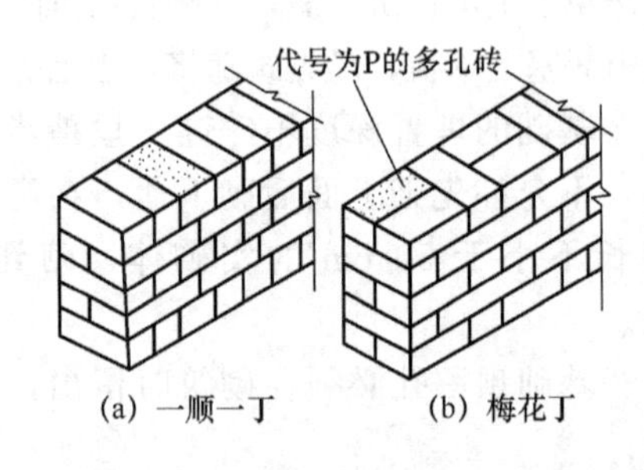

(a) 一顺一丁　　(b) 梅花丁

图5-60　代号为 P 的多孔砖砌筑形式

（2）实心砖墙体组砌方法。组砌形式确定后，组砌方法也随之而定。采用一顺一丁形式砌筑的砖墙组砌方法，如图 5-61 所示，其余组砌方法依此类推。

（3）找平并弹墙身线。砌墙之前，应将基础防潮层或楼面上

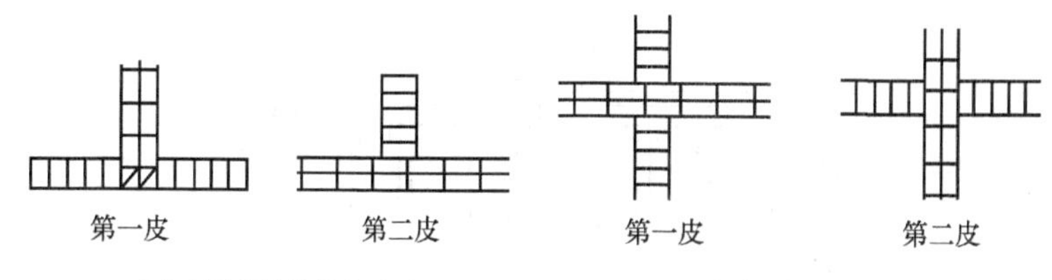

(a) T形交接处组砌平面　　(b) 十字交接处组砌平面

图 5-61　一顺一丁砖墙组砌方法

的灰砂泥土、杂物等清除干净，并用水泥砂浆或豆石混凝土找平，使各段砖墙底部标高符合设计要求；找平时，需使上下两层外墙之间不致出现明显的接缝。随后开始弹墙身线。

弹线的方法：根据基础四角各相对的龙门板，在轴线标钉上拴上白线挂紧，拉出纵横墙的中心线或边线，投到基础顶面上，再用墨斗将墙身线弹到墙基上，内间隔墙如没有龙门板时，可自外墙轴线相交处作为起点，用钢尺量出各内墙的轴线位置和墙身宽度；根据图样画出门、窗口位置线。墙基线弹好后，按图样要求复核建筑物长度、宽度、各轴线间尺寸。经复核无误后，即可作为底层墙砌筑的标准。

如在楼房中，楼板铺设后要在楼板上弹线定位。弹墙身线的方法如图 5-62 所示。

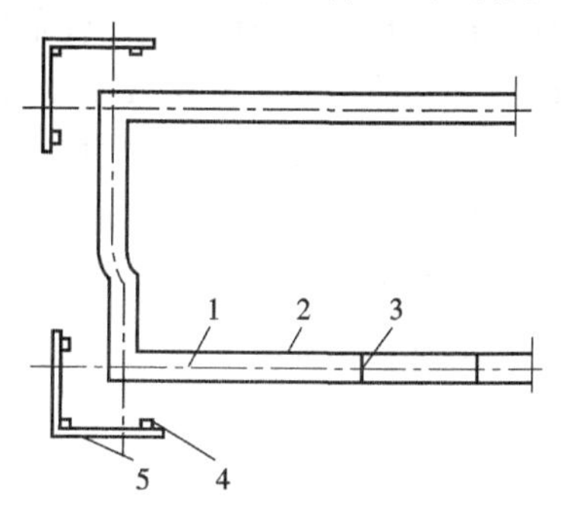

图 5-62　弹墙身线

1—轴线；2—内墙边线；
3—窗口位置线；
4—龙门桩；5—龙门板

(4) 立皮数杆并检查核对。

砌墙前应先立好皮数杆，皮数杆一般应立在墙的转角、内外墙交接处以及楼梯间等凸出部位，其间距不应太长，以15 m以内为宜，如图 5-63 所示。

皮数杆钉于木桩上，皮数杆下面的±0.000 线与木桩上所抄测的±0.000 线要对齐，都在同一水平线上。所有皮数杆应逐个检查是否垂直，标高是否准确，在同一道墙上的皮数杆是否在同一平面内。核对所有皮数杆上砖的层数是否一致，每皮厚度是否

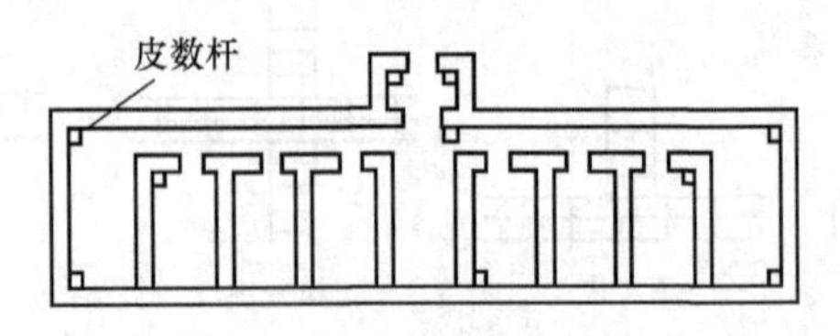

图 5-63　皮数杆设立设置

一致，对照图样核对窗台、门窗过梁、雨棚、楼板等标高位置，核对无误后方可砌砖。

（5）排砖撂底。在砌砖前，要根据已确定的砖墙组砌方式进行排砖撂底，使砖的垒砌合乎错缝搭接要求，确定砌筑所要块数，以保证墙身砌筑竖缝均匀适度，尽可能做到少砍砖。排砖时应根据进场砖的实际长度尺寸的平均值来确定竖缝的大小。

一般外墙第一层砖撂底时，两山墙排丁砖，前后檐纵墙排条砖。根据弹好的门窗洞口位置线，认真核对窗间墙、垛尺寸是否符合排砖模数；如不符合模数时，可将门、窗口的位置左右移动。若有破活，七分头或丁砖应排在窗口中间、附墙垛或其他不明显的部位。移动门、窗口位置时，应注意暖、卫立管安装及门窗开启时不受影响。另外，在排砖时还要考虑在门窗口上边的砖墙合拢时也不出现破活。所以排砖时必须要做全盘考虑，前后檐墙排第一皮砖时，要考虑甩窗口后砌条砖，窗角上必须是七分头才是好活。

（6）立门窗框。一般门、窗有木门窗、铝合金门窗和钢门窗、彩板门窗、塑钢门窗等。门窗安装方法有“先立口”和“后塞口”两种方法。对于木门窗一般采用“先立口”方法，即先立门框或窗框，再砌墙。亦可采用“后塞口”方法，即先砌墙，后安门窗；对于金属门窗一般采用“后塞口”方法。对于先立框的门窗洞口砌筑，必须与框相距 10 mm 左右砌筑，不要与木框挤紧，造成门框或窗框变形。后立木框的洞口，应按尺寸线砌筑。根据洞口高度在洞口两侧墙中设置防腐木拉砖（一般用冷底子油浸一下或涂刷即可）。洞口高度 2 m 以内，两侧各放置三块木拉砖，放置部位距洞口上、下边 4 皮砖，中间木砖均匀分布，即原则上木砖间距为 1 m 左右。木拉砖宜做成燕尾状，并且小头在外，这样不易拉脱。不过，还应注意木拉砖在洞口侧面位置是居中、偏内还是偏外；对于金属等门窗则按图埋入铁件或采用紧固件等，其间距一般不宜超过600 mm，离上、下洞口边各三皮砖左右。洞口上、下边同样设置铁件或紧固件。

（7）盘角挂线。砌砖前应先盘角，每次盘角不要超过五层，新盘的大角，及时进行吊、靠。如有偏差，要及时修整。盘角时要仔细对照皮数杆的砖层和标高，控制好灰缝大小，使水平灰缝均匀一致。大角盘好后再复查一次，平整度和垂直度完全符合要求后，再挂线砌墙。

砌筑一砖半墙必须双面挂线，如果长墙，几个人均使用一根通线，中间应设几个支线点，小线要拉紧，每层砖都要穿线看平，使水平缝均匀一致，平直通顺，挂线时要把高出的障碍物去掉，中间塌腰的地方要垫一块砖，俗称腰线砖，如图 5-64 所示。垫腰线砖应注意准线不能向上拱起。经检查平直无误后即可砌砖。

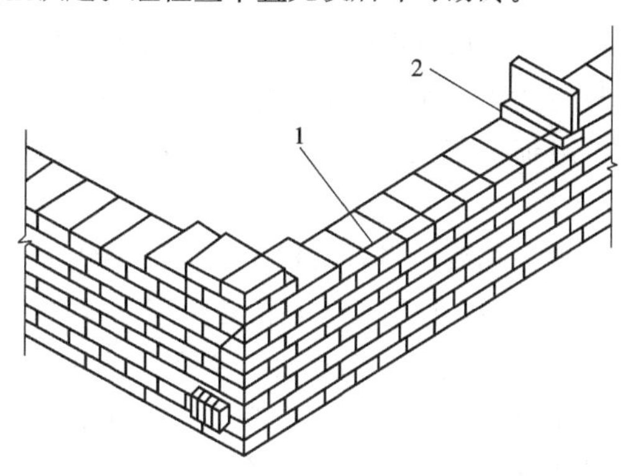

图 5-64　挂线及腰线砖

1—小线；2—腰线砖

每砌完一皮砖后，由两端把大角的工人逐皮往上起线。

此外还有一种挂线法。不用坠砖而将准线挂在两侧墙的立线上，俗称挂立线，一般用于砌间墙。将立线的上下两端拴在钉入纵墙水平缝的钉子上并拉紧，如图 5-65 所示。根据挂好的立线拉水平准线，水平准线的两端要由立线的里侧往外拴，两端拴的水平缝线要同纵墙缝一致，不得错层。

3. 砌筑砖柱

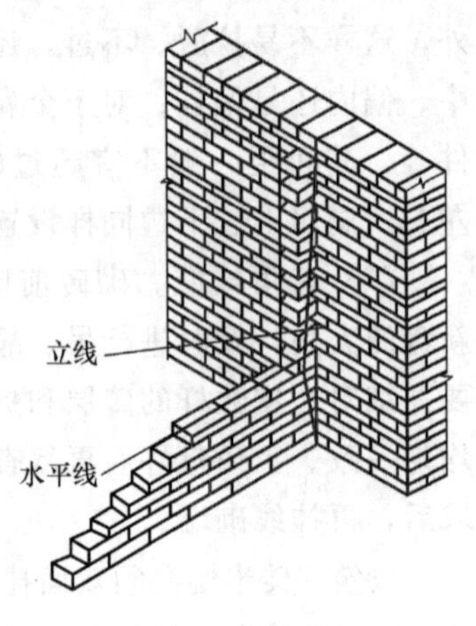

图 5-65 挂立线

(1) 砖柱的构成形式。砖柱的主要断面形式有方形、矩形、多角形、圆形等。方柱的最小断面尺寸为365 mm × 365 mm，矩形柱为240 mm×365 mm；多角形柱、圆柱形柱的最小内径为365 mm。

(2) 砖柱砌筑方法。组砌方法应正确，一般采用满丁满条。

里外咬槎，上下层错缝，采用“三一”砌砖法，即一铲灰，一块砖，一挤揉，严禁用水冲砂浆灌缝的方法。

(3) 砖柱砌筑要点。

①砖柱砌筑前，基层表面应清扫干净，洒水润湿。基础面高低不平时，要进行找平，小于3 cm的要用1∶3水泥砂浆找平，大于3 cm的要用细石混凝土找平，使各柱第一皮砖在同一标高上。

②砌砖柱应四面挂线，当多根柱子在同一轴线上时，要拉通线检查纵横柱网中心线，同时应在柱的近旁竖立皮数杆。

③砖柱应选择棱角整齐，无弯曲、裂纹，颜色均匀，规格基本一致的砖；对于圆柱或多角柱，要按照排砌方案加工弧形砖或切角砖，加工砖面须磨平，加工后的砖应编号堆放，砌筑时对号入座。

④排砖摞底，根据排砌方案进行干摆砖试排。

⑤砌砖宜采用“三一”砌法。柱面上下皮竖缝应相互错开1/2砖长以上。柱心无通天缝。严禁采用先砌四周后填心的砌法。图5-66是几种不同断面砖柱的错误砌法。

⑥砖柱的水平灰缝和竖向灰缝宽度宜为10 mm，不应小于8 mm，也不应大于12 mm；水平灰缝的砂浆饱满度不得小于80%，竖缝也要求饱满，不得出现透明缝。

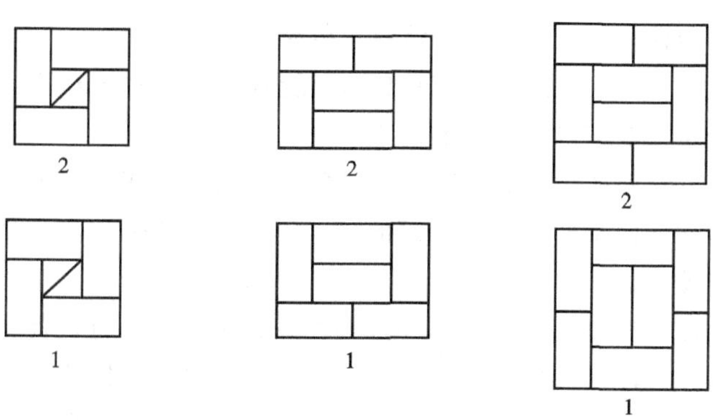

(a) 365 mm×365 mm 柱　(b) 365 mm×490 mm 柱　(c) 490 mm×490 mm 柱

图 5-66　砖柱错误砌法

⑦柱砌至上部时，要拉线检查轴线、边线、垂直度，保证柱位置正确。同时还要对照皮数杆的砖层及标高，如有偏差时，应在水平灰缝中逐渐调整，使砖的层数与皮数杆一致。砌楼层砖柱时，要检查上层弹的墨线位置是否与下层柱子有偏差，以防止上层柱落空砌筑。

⑧2 m 高范围内清水柱的垂直偏差不大于 5 mm，混水柱不大于 8 mm，轴线位移不大于 10 mm。每天砌筑高度不宜超过1.8 m。

⑨单独的砖柱砌筑，可立固定皮数杆，也可以经常用流动皮数杆检查高低情况。当几个砖柱同列在一条直线上时，可先砌两头砖柱，再在其间逐皮拉通线砌筑中间部分砖柱，这样易控制皮数正确，进出及高低一致。

⑩砖柱与隔墙相交，不能在柱内留阴槎，只能留阳槎，并加连接钢筋拉结。如在砖柱水平缝内加钢筋网片，在柱子一侧要露出 1～2 mm 以备检查，看是否遗漏，填置是否正确。砌楼层砖柱时，要检查上层弹的墨线位置是否和下层柱对齐，防止上下层柱错位，落空砌筑。

⑪砖柱四面都有棱角，在砌筑时一定要勤检查，尤其是下面几皮砖要吊直，并要随时注意灰缝平整，防止发生砖柱扭曲或砖皮一头高、一头低等情况。

⑫砖柱表面的砖应边角整齐、色泽均匀。

⑬砖柱的水平灰缝厚度和竖向灰缝宽度宜为 10 mm 左右。

⑭砖柱上不得留设脚手眼。

(4) 配筋砖柱砌筑。网状配筋砖柱是指水平灰缝中配有钢筋网的砖柱。网状配筋砖柱所用的砖，不应低于 MU10，所用的砂浆不应低于 M5。

钢筋网有方格网和连弯网两种。方格网的钢筋直径为 3～4 mm，连弯网的钢筋直径不大于 8 mm。钢筋网中钢筋的间距不应大于 120 mm，并不应小于 30 mm。钢筋网沿砖柱高度方向的间距，不应大于五皮砖，并不应大于 400 mm。当采用连弯网时，网的钢筋方向应互相垂直，沿砖柱高度方向交错设置，连弯网间距取同一方向网的间距，如图 5-67 所示。

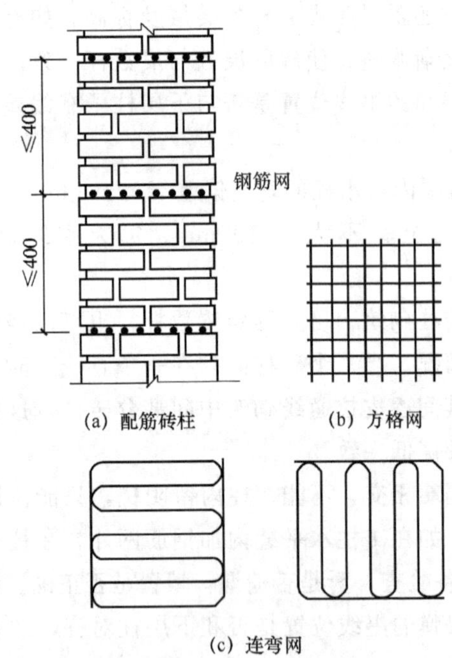

图 5-67　网状配筋砖柱

网状配筋砖柱砌筑时，应按砖柱砌筑进行，在铺设有钢筋网的水平灰缝砂浆时，应分两次进行，先铺厚度一半的砂浆，放上钢筋网，再铺厚度一半的砂浆，使钢筋网置于水平灰缝砂浆层的中间，并使钢筋网上下各有 2 mm 的砂浆保护层。放有钢筋网的水平灰缝厚度为 10～12 mm，其他灰缝厚度控制在 10 mm 左右。

4. 砌筑砖拱

（1）平拱过梁。砖平拱多用于烧结普通砖与水泥混合砂浆砌成。砖的强度等级应不低于 MU10，砂浆的强度等级应不低于 M5。它的厚度一般等于墙厚，高度为一砖或一砖半，外形呈楔形，上大下小。

砌筑时，先砌好两边拱脚，当墙砌到门窗上口时，开始在洞口两边墙上留出 20～30 mm 错台，作为拱脚支点（俗称碹肩），而砌碹的两膀墙为拱座（俗称碹膀子）。除立拱外，其他拱座要砍成坡面，一砖拱错台上口宽 40～50 mm，一砖半上口宽 60～70 mm，如图 5-68 所示。

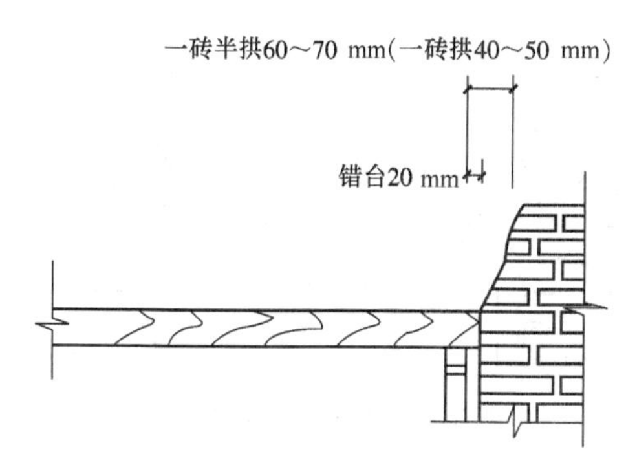

图 5-68　拱座砌筑

在门、窗洞口上部支设模板，模板中间应有 1%的起拱。在模板上画出砖及灰缝位置，务必使砖数为单数。然后从拱脚处开始同时向中间砌砖，正中一块砖要紧紧砌入。灰缝宽度，在过梁顶部不大于 15 mm，在过梁底部不小于 5 mm。待砂浆强度达到设计强度的 50%以上时方可拆除模板，如图 5-69 所示。

（2）弧拱。多采用烧结普通砖与水泥混合砂浆砌成。砖的强度等级应不低于 MU10，砂浆的强度等级应不低于 M5。它的厚度与墙厚相等，高度有一砖、一砖半等，外形呈圆弧形。

砌筑时，先砌好两边拱脚，拱脚斜度依圆弧曲率而定。再在

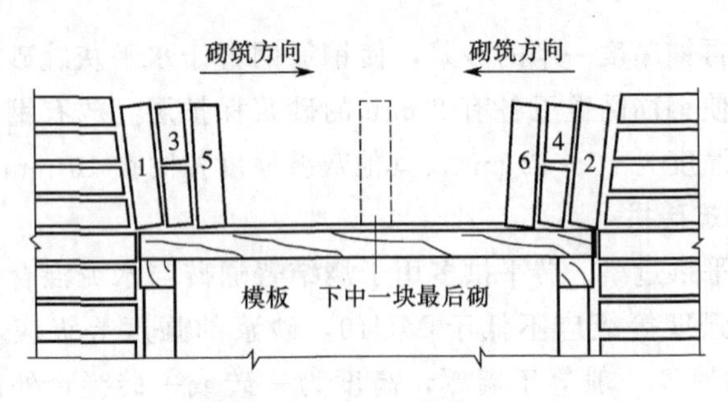

图 5-69　平拱式过梁砌筑

洞口上部支设模板，模板中间有 1% 的起拱。在模板上画出砖及灰缝位置，务必使砖数为单数，然后从拱脚处开始同时向中间砌砖，正中一块砖应紧紧砌入。

灰缝宽度在过梁顶部不大于 15 mm，在过梁底部不小于 5 mm。待砂浆强度达到设计强度的 50% 以上时方可拆除模板，如图 5-70 所示。

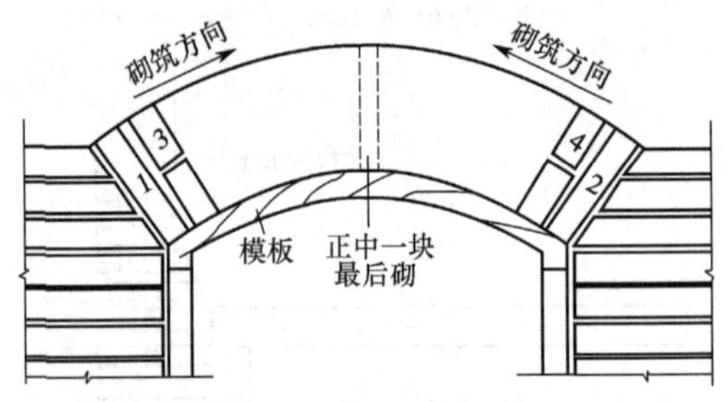

图 5-70　弧拱式过梁砌筑

5. 砌筑过梁

(1) 砌筑形式。

①砖砌平拱过梁。这种过梁是指将砖竖立或侧立构成跨越洞口的过梁，其跨度不宜超过 1 200 mm，用竖砖砌筑部分的高度不应小于 240 mm。

②砖砌弧拱过梁。这种过梁是指将砖竖立或侧立成弧形跨越洞口的过梁，此种形式过梁由于施工复杂，目前很少采用。

砖砌过梁整体性差，抗变形能力差，因此，在受有较大振动荷载或可能产生不均匀沉降的房屋时，难以抵抗变形，故砖砌过梁跨度不宜过大。当门窗洞口宽度较大时，应采用钢筋混凝土过梁。

③钢筋砖过梁。这种过梁是指在洞口顶面砖砌体下的水平灰缝内配置纵向受力钢筋而形成的过梁，其净跨不宜超过2.0 m，底面砂浆层处的钢筋直径不应小于 5 mm，间距不宜大于 120 mm，根数不应少于 2 根，末端带弯钩的钢筋伸入支座砌体内的长度不宜小于 240 mm，砂浆层厚度不宜小于 30 mm。

④钢筋混凝土过梁。钢筋混凝土过梁在端部保证支承长度不小于 240 mm 的前提条件下，一般应按钢筋混凝土受弯构件计算。

(2) 砌筑技术。砌筑时，先在门窗洞口上部支设模板，模板中间应有 1%起拱。接着在模板面上铺设厚 30 mm 的水泥砂浆，在砂浆层上放置钢筋，钢筋两端伸入墙内不少于240 mm，其弯钩向上，再按砖墙组砌形式继续砌砖，要求钢筋上面的一皮砖应丁砌，钢筋弯钩应置入竖缝内。钢筋以上七皮砖作为过梁作用范围，此范围内的砖和砂浆强度等级应达到上述要求。待过梁作用范围内的砂浆强度达到设计强度 50%以上时方可拆除模板，如图 5-71 所示。

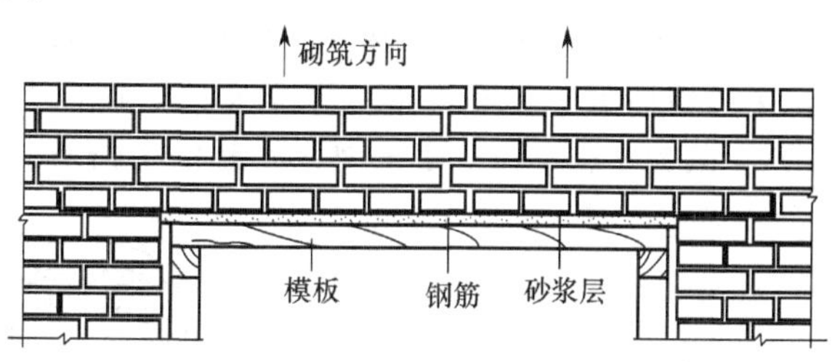

图 5-71　平砌式过梁砌筑

砖墙砌到楼板底时应砌成丁砖层，如果楼板是现浇的，并直接支承在砖墙上，则应砌低一皮砖，使楼板的支承处混凝土加厚，支承点得到加强。填充墙砌到框架梁底时，墙与梁底的缝隙要用铁楔子或木楔子打紧，然后用 1：2 水泥砂浆嵌填密实。如果是混水墙，可以用与平面交角在 45°～60°的斜砌砖顶紧。假如填充墙是外墙，应等砌体沉降结束，砂浆达到强度后再用楔子楔紧，然后用 1：2 水泥砂浆嵌填密实，因为这一部分是薄弱点，最容易造成外墙渗漏，施工时要特别注意。梁板底的处理如图

5-72 所示。

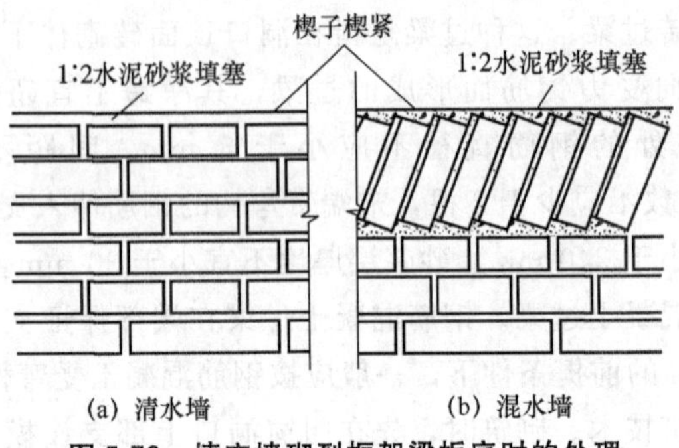

图 5-72 填充墙砌到框架梁板底时的处理

6. 砌筑筒拱

(1) 筒拱模板支设。筒拱砌筑前，应根据筒拱的各部分尺寸制作模板。模板可做成 600～1 000 mm 长，模板宽度比开间净空少 100 mm，模板起拱高度超高为拱跨的 1%，如图 5-73 所示。

筒拱模板有两种支设方法：一种是沿纵墙各立一排立柱，立柱上钉木梁，立柱用斜撑稳定，拱模支设在木梁上，拱模下垫木楔，如图 5-74 所示；另一种是在拱脚下 4～5 皮砖的墙上，每隔 0.8～1.0 m 穿透墙体放一横担，横担下加斜撑，横担上放置木梁，拱模支设在木梁上，拱模下垫木楔，如图 5-75 所示。

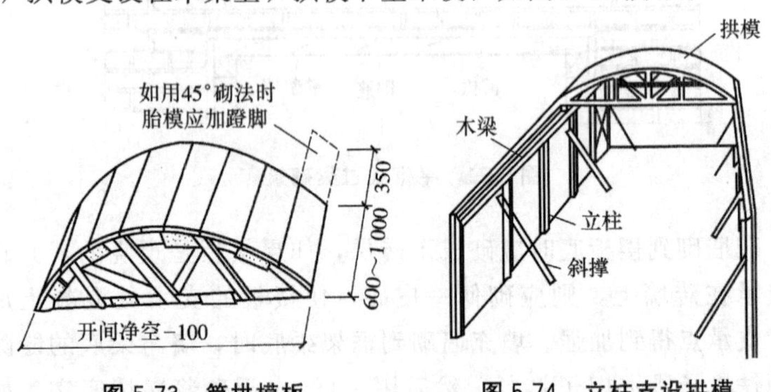

图 5-73 筒拱模板

图 5-74 立柱支设拱模

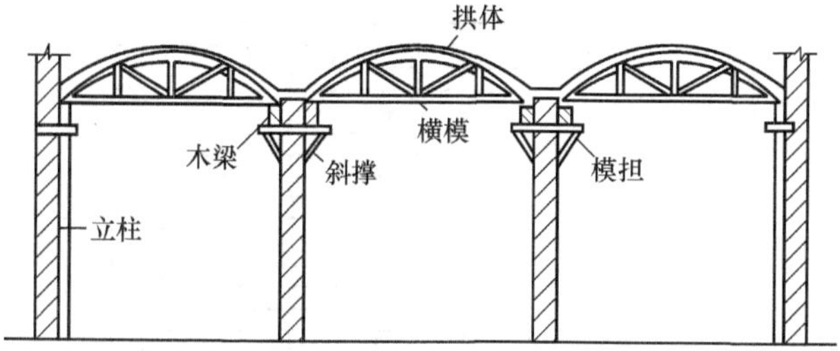

图 5-75　横担支设拱模

筒拱模板安装尺寸的允许偏差不得超过下列数值：在任何点上的竖向偏差，不应超过该点拱高的 1/200。拱顶位置沿跨度方向的水平偏差，不应超过矢高的 1/200。

（2）筒拱砌筑方法。

①顺砖砌法。砖块沿筒拱的纵向排列，纵向灰缝通常呈直线，横向灰缝相互错开 1/2 砖长，如图 5-76 所示。这种砌法施工方便，砌筑简单。

②丁砖砌法。砖块沿筒拱跨度方向排列，纵向灰缝相互错开 1/2 砖长，横向灰缝通常呈弧形，如图 5-77 所示。这种砌法在临时间断处不必留槎，只要砌完一圈即可，以后接砌。

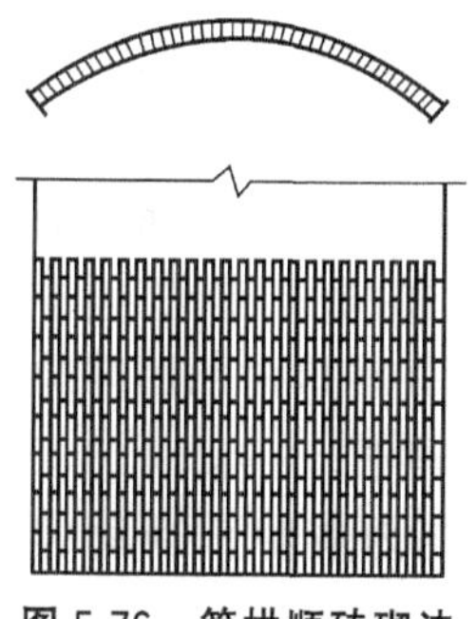

图 5-76　筒拱顺砖砌法

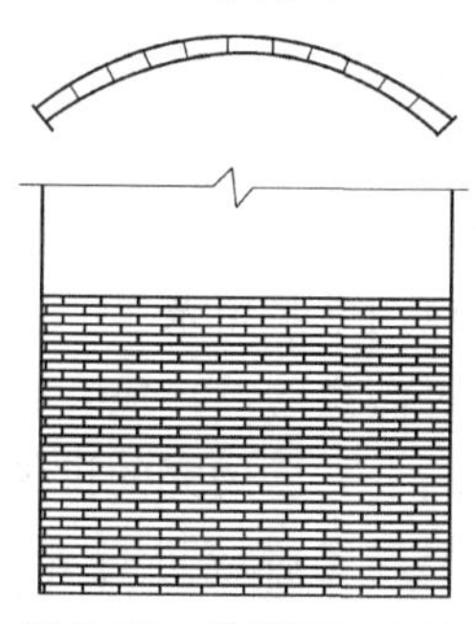

图 5-77　筒拱丁砖砌法

③八字槎砌法。由一端向另一端退着砌，砌时使两边长些，中间短些，形成八字槎，砌到另一端时填满八字槎缺口，在中间合拢，如图 5-78 所示。这种砌法咬槎严密，接头平整，整体性好，但需要较多的拱模。

（3）砌筑施工要点。

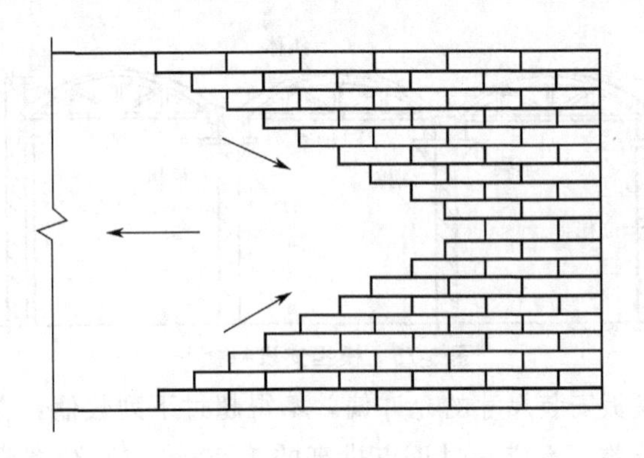

图 5-78 八字槎砌法

①拱脚上面 4 皮砖和拱脚下面 6～7 皮砖的墙体部分，砂浆强度达到设计强度的 50%以上时，方可砌筑筒拱。

②砌筑筒拱应自两侧拱脚同时向拱冠砌筑，且中间 1 块砖必须塞紧。

③多跨连续筒拱的相邻各跨，如不能同时施工，应采取抵消横向推力的措施。

④拱体灰缝应全部用砂浆填满，拱底灰缝宽度宜为 5～8 mm。

⑤拱座斜面应与筒拱轴线垂直，筒拱的纵向缝应与拱的横断面垂直。

⑥筒拱的纵向两端，一般不应砌入墙内，其两端与墙面接触的缝隙，应用砂浆填塞。

⑦穿过筒拱的洞口应在砌筑时留出，洞口的加固环应与周围砌体紧密结合，已砌完的拱体不得任意凿洞。

⑧筒拱砌完后应进行养护，养护期内应防止冲刷、冲击和振动。

⑨筒拱的模板，在保证横向推力不产生有害影响的条件下方可拆除。拆移时，应先使模板均匀下降 5～20 cm，并对拱体进行检查。有拉杆的筒拱，应在拆移模板前，将拉杆按设计要求拉紧。同跨内各根拉杆的拉力应均匀。

⑩在整个施工过程中，拱体应均匀受荷。当筒拱的砂浆强度达到设计强度的 70%以上时，方可在已拆模的筒拱上铺设楼面或

屋面材料。

7. 砌筑空斗墙

（1）弹线。砌筑前，应在砌筑位置弹出墙边线及门窗洞口边线。

防止基础墙与上部墙错台：基础砖撂底要正确，收退大放角两边要相等，退到墙身之前要检查轴线和边线是否正确，如偏差较小，可在基础部位纠正，不得在防潮层以上退台或出沿。

（2）排砖。按照图样确定的几眠几斗先进行排砖，再从转角或交接处开始向一侧排砖，内外墙应同时排砖，纵横方向交错搭砌。空斗墙砌筑前必须进行试摆，不够整砖处，可加砌斗砖，不得砍凿斗砖。

排砖时必须把立缝排匀，砌完一步架高度，每隔 2 m 间距在丁砖立棱处用托线板吊直弹线，二步架往上继续吊直弹粉线，由底往上所有七分头的长度应保持一致，上层分窗口位置时必须同下窗口保持垂直。

（3）大角砌筑。空斗墙的外墙大角，须用普通砖砌成锯齿状与斗砖咬接。盘砌大角不宜过高，以不超过 3 个斗砖为宜，新盘的大角应及时进行吊、靠。如有偏差，要及时修整。盘角时要仔细对照皮数杆的砖层和标高，控制好灰缝大小，使水平灰缝均匀一致。大角盘好后再复查一次，平整度和垂直度完全符合要求后，再挂线砌墙。

（4）挂线。砌筑必须双面挂线，如果长墙几个人均使用一根通线，中间应设几个支线点，小线要拉紧，每层砖都要穿线看平，使水平缝均匀一致，平直通顺；可照顾砖墙两面平整，为下道工序控制抹灰厚度奠定基础。

（5）砌砖。

①砌空斗墙宜采用满刀披灰法。

②在有眠空斗墙中，眠砖层与丁砖接触处，除两端外，其余部分不应填塞砂浆，如图 5-79 所示。空斗墙的空斗内不填砂浆，墙面不应有竖向通缝。

③砌砖时砖要放平。里手高，墙面就要张；里手低，墙面就

要背。

④砌砖一定要跟线，“上跟线，下跟棱，左右相邻要对平”。

⑤水平灰缝厚度和竖向灰缝宽度一般为 10 mm，但不应小于 7 mm，也不应大于 13 mm。操作过程中，要认真进行自检，如出现有偏差，应随时纠正，严禁事后砸墙。

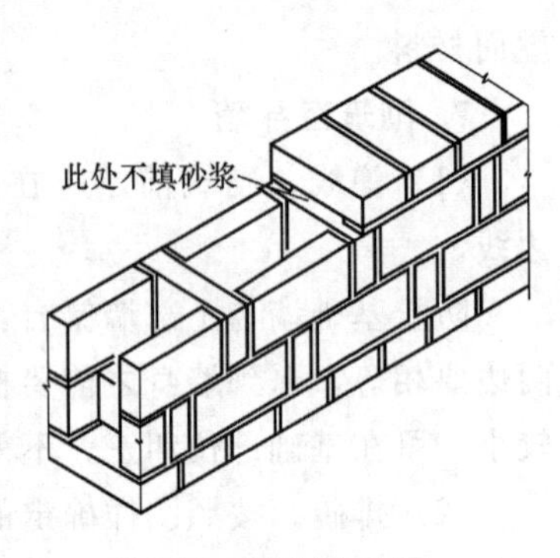

图 5-79　有眼空斗墙不填砂浆处

⑥砌筑砂浆应随搅拌随使用，一般水泥砂浆必须在 3 h 内用完，水泥混合砂浆必须在 4 h 内用完，不得使用过夜砂浆。

⑦砌清水墙应随砌随画缝，画缝深度为 8～10 mm，深浅应一致，墙面清扫干净。混水墙应随砌随将舌头灰刮尽。

⑧空斗墙应同时砌起，不得留槎。每天砌筑高度不应超过 1.8 m。

(6) 预留孔洞。空斗墙中留置的洞口，必须在砌筑时留出，严禁砌完后再行砍凿。空斗墙上不得留脚手眼。

木砖预埋时应小头在外，大头在内，数量按洞口高度决定。洞口高在 1.2 m 以内，每边放 2 块；高 1.2～2 m，每边放 3 块；高 2～3 m，每边放 4 块，预埋木砖的部位一般在洞口上边或下边四皮砖，中间均匀分布。木砖要提前做好防腐处理。

钢门窗安装的预留孔、硬架支模、暖卫管道，均应按设计要求预留，不得事后剔凿。

(7) 安装过梁、梁垫。门窗过梁支承处应用实心砖砌筑；安装过梁、梁垫时，其标高、位置及型号必须准确，坐浆饱满。如坐浆厚度超过 2 cm 时，要用细石混凝土铺垫，过梁安装时，两端支承点的长度应一致。

(8) 构造柱做法。凡设有构造柱的工程，在砌砖前，先根据设计图样将构造柱位置进行弹线，并把构造柱插筋处理顺直。砌砖墙时，与构造柱连接处砌成马牙槎，马牙槎处砌实心砖。每个马牙槎沿高度方向的尺寸不宜超过 30 cm。马牙槎应先退后进。

拉结筋按设计要求放置，设计无要求时，一般沿墙高 50 cm 设置 2 根水平拉结筋，每边深入墙内不应小于 1 m。

四、烧结多孔砖墙的砌筑

1. 砌筑形式

多孔砖墙是用烧结多孔砖与砂浆砌成的。其砌筑形式如图 5-80 和图 5-81 所示。

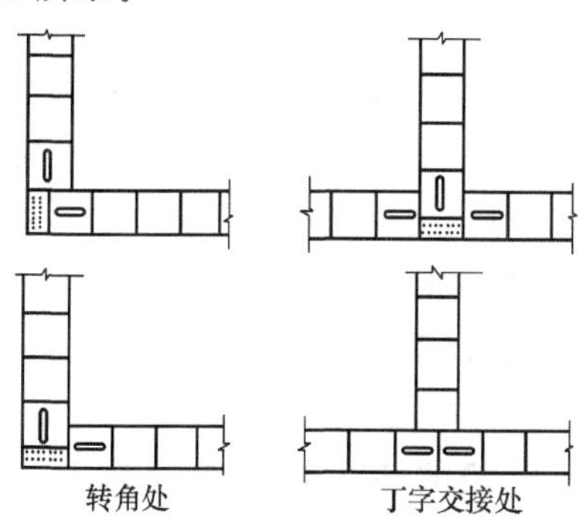

图 5-80　M 型多孔砖砖墙的转角处及丁字交接处砌法

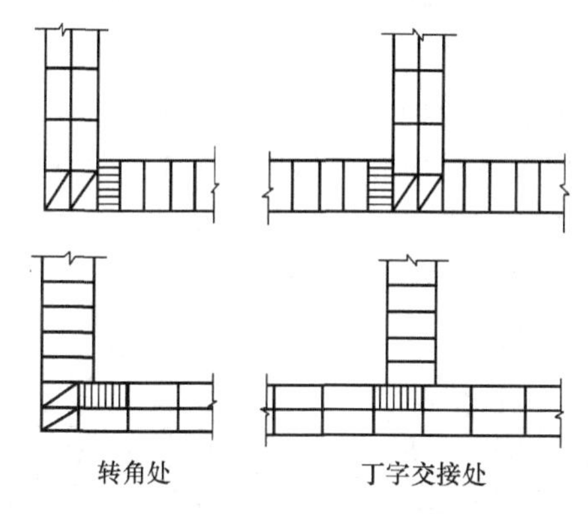

图 5-81　P 型多孔砖墙的转角处及丁字交接处砌法

2. 砌筑要求

多孔砖墙可采用 M 型或 P 型烧结多孔砖与水泥混合砂浆砌筑。承重多孔砖墙，砖的强度等级应不低于 M15，砂浆强度等级不低于 M2.5。

（1）砖应提前 1～2 d 浇水润湿，砖的含水率宜为10%～15%。

(2) 根据建筑剖面图及多孔砖规格制作皮数杆，皮数杆立于墙的转角处或交接处，其间距不超过 15 m。在皮数杆之间拉准线，依线砌筑，清理基础顶面，并在基础面上弹出墙体中心线及边线（如在楼地面上砌起，则在楼地面上弹线），对所砌筑的多孔砖墙体进行多孔砖试摆。

(3) 灰缝应横平竖直，水平灰缝和竖向灰缝宽度应控制在 10 mm 左右，但不应小于 8 mm，也不应大于 12 mm。

(4) 水平灰缝的砂浆饱满度不得小于 80%，竖缝要刮浆适宜，并加浆灌缝，不得出现透明缝，严禁用水冲浆灌缝。

(5) 多孔砖宜采用“三一砌砖法”或“铺灰挤砌法”进行砌筑。竖缝要刮浆并加浆填灌，不得出现透明缝，严禁用水冲浆灌缝。多孔砖的孔洞应垂直于受压面（呈垂直方向），多孔砖的手抓孔应平行于墙体纵长方向。

(6) M 型多孔砖墙的转角处及交接处应加砌半砖块，如图 5-80 所示。

(7) P 型多孔砖墙的转角处及交接处应加砌七分头砖块，如图 5-81 所示。

(8) 多孔砖墙的转角处和交接处应同时砌筑，不能同时砌筑又必须留置的临时间断处应砌成斜槎。对于代号 M 的多孔砖，斜槎长度应不小于斜槎高度；对于代号 P 的多孔砖，斜槎长度应不小于斜槎高度的 2/3，如图 5-82 所示。

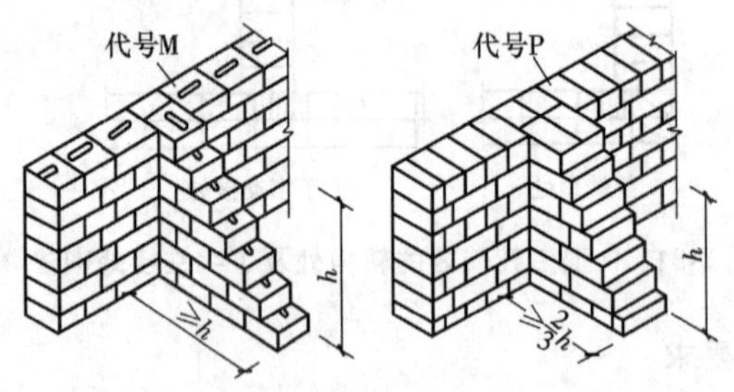

图 5-82　多孔砖斜槎

(9) 非承重多孔砖墙的底部宜用烧结普通砖砌三皮高，门窗洞口两侧及窗台下宜用烧结普通砖砌筑，至少半砖宽。

(10) 多孔砖墙每天可砌高度应不超过 1.8 m。

（11）门窗洞口的预埋木砖、铁件等应采用与多孔砖横截面一致的规格。

（12）多孔砖墙中不够整块多孔砖的部位，应用烧结普通砖来补砌，不得用砍过的多孔砖填补。

五、烧结空心砖墙的砌筑

1. 组砌方式

空心砖一般侧立砌筑，孔洞呈水平方向，有特殊要求时，孔洞也可呈垂直方向。空心砖墙的厚度等于空心砖的厚度。采用全顺侧砌，错缝砌筑，上下皮竖缝相互错开 1/2 砖长。砌筑形式如图 5-83 所示。

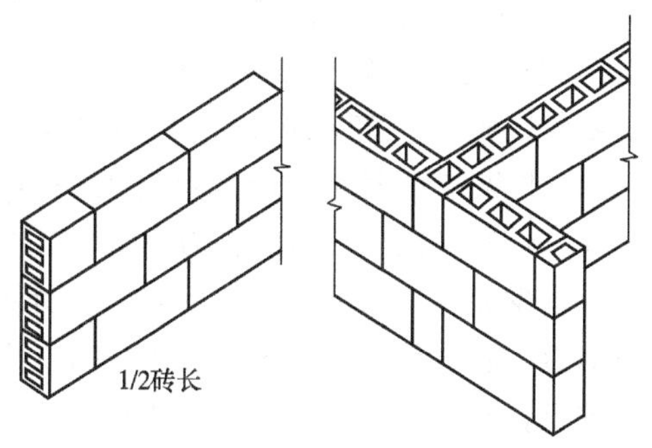

图 5-83　空心砖墙砌筑形式

2. 砌筑流程

（1）砌筑前，应在砌筑位置弹出墙边线及门窗洞口边线，底部至少先砌 3 皮普通砖，门窗洞口两侧一砖范围内也应用普通砖实砌。

（2）排砖撂底（干摆砖）。按组砌方法先从转角或定位处开始向一侧排砖，内外墙应同时排砖，纵横方向交错搭接，上下皮错缝，一般搭砌长度不少于 60 mm，上下皮错缝 1/2 砖长。排砖时，凡不够半砖处用普通砖补砌，半砖以上的非整砖宜用无齿锯加工制作非整砖块，不得用砍凿方法将砖打断；第一皮空心砖砌筑必须进行试摆。

（3）选砖。检查空心砖的外观质量，有无缺棱、掉角及裂缝现象，对于欠火砖和酥砖不得使用。用于清水外墙的空心砖，要求外观颜色一致，表面无压花。焙烧过火变色、变形的砖可用在

不影响外观的内墙上。

(4) 盘角。砌砖前应先盘角，每次盘角不宜超过 3 皮砖，新盘的大角及时进行吊、靠。如有偏差，要及时修整。盘角时要仔细对照皮数杆的砖层和标高，控制好灰缝大小，使水平灰缝均匀一致。大角盘好后再复查一次，平整和垂直完全符合要求后，再挂线砌墙。

(5) 挂线。砌筑必须双面挂线，如果长墙，几个人均使用一根通线，中间应设几个支线点，小线要拉紧，每层砖都要穿线看平，使水平缝均匀一致，平直通顺；可照顾砖墙两面平整，为下道工序控制抹灰厚度奠定基础。

(6) 砌砖。砌空心砖宜采用刮浆法。竖缝应先披砂浆后再砌筑，当孔洞呈垂直状态时，水平铺砂浆，应先用套板盖住孔洞，以免砂浆掉入孔洞内。砌砖时砖要放平。里手高，墙面就要张；里手低，墙面就要背。砌砖一定要跟线，“上跟线，下跟棱，左右相邻要对平”。水平灰缝厚度和竖向灰缝宽度一般为 10 mm，但不应小于 8 mm，也不应大于12 mm。为保证清水墙面主缝垂直，不游丁走缝，当砌完一步架高时，宜每隔 2 m 水平间距，在丁砖立棱位置弹两道垂直立线，可以分段控制游丁走缝。在操作过程中，要认真进行自检，如出现偏差，应随时纠正，严禁事后砸墙。清水墙不允许有三分头，不得在上部任意变活、乱缝。砌筑砂浆应随搅拌随使用，一般水泥砂浆必须在 3 h 内用完，水泥混合砂浆必须在 4 h 内用完，不得使用过夜砂浆。清水墙应随砌随划缝，画缝深度为 8～10 mm，深浅一致，墙面清扫干净。混水墙应随砌随将舌头灰刮尽。

(7) 空心砖墙应同时砌起，不得留槎。每天砌筑高度不应超过 1.8 m。

第二节 砌块砌体砌筑施工技术

一、混凝土小型空心砌块砌筑

1. 施工准备

(1) 运到现场的小砌块，应分规格、分等级堆放，堆放场地必须平整，并做好排水措施。小砌块的堆放高度不宜超过 1.6 m。

（2）对于砌筑承重墙的小砌块应进行挑选，剔出断裂小砌块或壁肋中有竖向凹形裂缝的小砌块。

（3）龄期不足 28 d 或潮湿的小砌块不得进行砌筑。

（4）普通混凝土小砌块不宜浇水；当天气干燥炎热时，可在砌块上稍加喷水润湿；轻骨料混凝土小砌块可洒水，但不宜过多。

（5）清除小砌块表面污物和芯柱用小砌块孔洞底部的毛边。

（6）砌筑底层墙体前，应对基础进行检查。清除防潮层顶面上的污物。

（7）根据砌块尺寸和灰缝厚度计算皮数，制作皮数杆。皮数杆立在建筑物四角或楼梯间转角处。皮数杆间距不宜超过 15 m。

（8）准备好所需的拉结钢筋或钢筋网片。

（9）根据小砌块搭接需要，准备一定数量的辅助规格的小砌块。

（10）砌筑砂浆必须搅拌均匀，随拌随用。

2. 砌块排列

（1）砌块排列时，必须根据砌块尺寸和垂直灰缝的宽度和水平灰缝的厚度计算砌块砌筑皮数和排数，以保证砌体的尺寸；砌块排列应按设计要求，从基础面开始排列，尽可能采用主规格和大规格砌块，以提高台班产量。

（2）外墙转角处和纵横墙交接处，砌块应分皮咬槎，交错搭砌，以增加房屋的刚度和整体性。

（3）砌块墙与后砌隔墙交接处，应沿墙高每隔 400 mm 在水平灰缝内设置不少于 2ϕ4（横筋间距不大于 200 mm）的焊接钢筋网片，钢筋网片砌入后，砌隔墙内不应小于600 mm，如图 5-84 所示。

（4）砌块排列应对孔错缝搭砌，搭砌长度不应小于90 mm，如果搭接错缝长度满足不了规定要求，应采取压砌钢筋网片或设置拉结筋等措施，具体构造按设计规定要求进行。

（5）对设计规定或施工所需要的孔洞口、管道、沟槽和预埋

件等，应在砌筑时预留或预埋，不得在砌筑好的墙体上打洞、凿槽。

（6）砌体的垂直缝应与门窗洞口的侧边线相互错开，不得同缝，错开间距应大于 150 mm，且不得用砖镶砌。

（7）砌体水平灰缝厚度和垂直灰缝宽度一般为 10 mm，但不应大于 12 mm，也不应小于 8 mm。

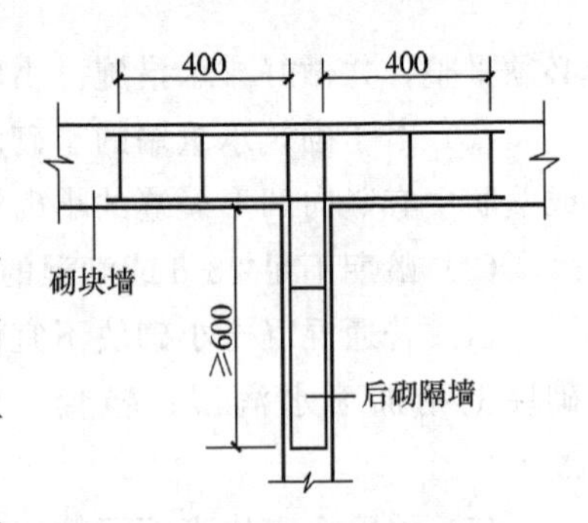

图 5-84　砌块墙与后砌隔墙交接处钢筋网片

（8）在楼地面砌筑一皮砌块时，应在芯柱位置侧面预留孔洞。为便于施工操作，预留孔洞的开口一般应朝向室内，以便清理杂物、绑扎和固定钢筋。

（9）设有芯柱的 T 形接头砌块第一皮至第六皮排列平面相同，如图 5-85 所示。第七皮开始又重复第一皮至第六皮的排列，但不用开口砌块，其排列立面如图 5-86 所示。设有芯柱的 L 形接头第一皮砌块排列平面如图 5-87 所示。

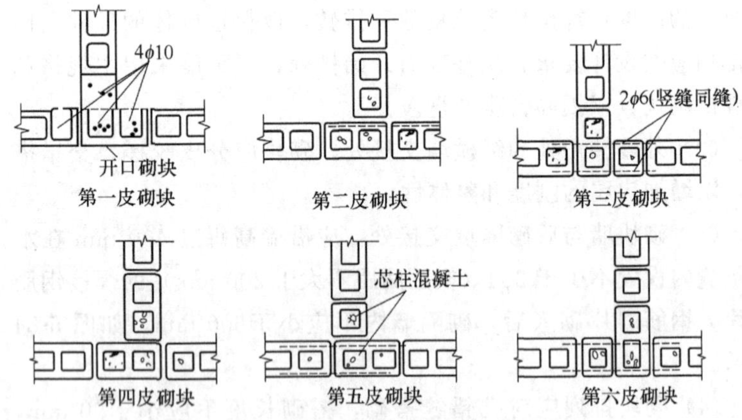

图 5-85　T 形芯柱接头砌块排列平面图

3. 设置芯柱

（1）在外墙转角、楼梯间四角的纵横墙交接处的三个孔洞，宜设置素混凝土芯柱。

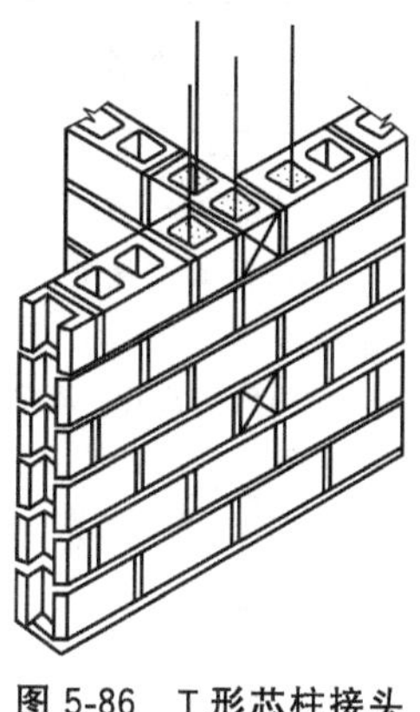

图 5-86　T 形芯柱接头砌块排列立面图

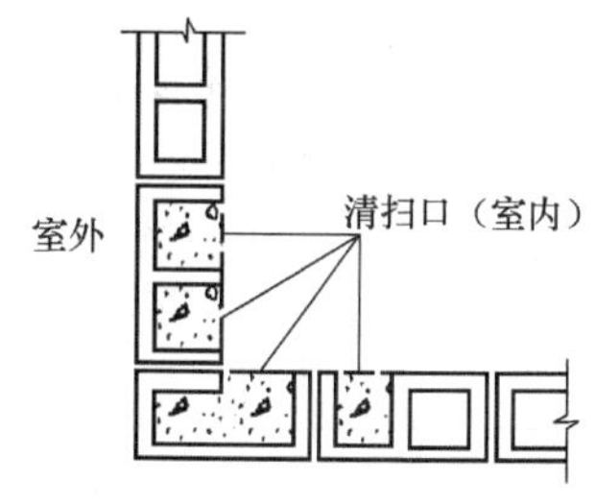

图 5-87　L 形芯柱接头第一皮砌块排列平面图

（2）五层及五层以上的房屋，应在外墙转角、楼梯间四角的纵横墙交接处的三个孔洞设置钢筋混凝土芯柱。

在 6～8 度抗震设防的建筑物中，应按芯柱位置要求设置钢筋混凝土芯柱；对医院、教学楼等横墙较少的房屋，应根据房屋增加一层，按表 5-2 的要求设置芯柱。

表 5-2　抗震设防区混凝土小型空心砌块房屋芯柱设置要求

<table>
<tr><th colspan="4">房屋层数</th><th rowspan="2">设置部位</th><th rowspan="2">设置数量</th></tr>
<tr><th>6 度</th><th>7 度</th><th>8 度</th><th>9 度</th></tr>
<tr><td>四、五</td><td>三、四</td><td>二、三</td><td>—</td><td>1. 外墙转角，楼、电梯间四角，楼梯斜梯段上下端对应的墙体处
2. 大房间内外墙交接处
3. 错层部位横墙与外纵墙交接处
4. 隔 12 m 或单元横墙与外纵墙交接处</td><td rowspan="2">1. 外墙转角，灌实 3 个孔
2. 内外墙交接处，灌实 4 个孔
3. 楼梯段上下端对应的墙体处，灌实 2 个孔</td></tr>
<tr><td>六</td><td>五</td><td>四</td><td>—</td><td>1.～4. 同上
5. 隔开间墙横墙（轴线）与外纵墙交接处</td></tr>
</table>

（续表）

房屋层数				设置部位	设置数量
6度	7度	8度	9度		
七	六	五	二	1.～5. 同上 6. 各内墙（轴线）与外纵墙交接处 7. 内纵墙与横墙（轴线）交接处的洞口两侧	1. 外墙转角，灌实5个孔 2. 内外墙交接处，灌实5个孔 3. 内墙交接处，灌实4～5个孔 4. 洞口两侧各灌实1个孔
	七	≥六	≥三	1.～7. 同上 8. 横墙内芯柱间距≥2 m	1. 外墙转角，灌实7个孔 2. 内外墙交接处，灌实5个孔 3. 内墙交接处，灌实4～5个孔 4. 洞口两侧各灌实1个孔

注：外墙转角、内外墙交接处、楼电梯间四角等部位，应允许采用钢筋混凝土构造柱替代部分芯柱。

芯柱竖向插筋应贯通墙身且与圈梁连接；插筋不应小于12 mm。芯柱应伸入室外地下500 mm或锚入浅于500 mm基础圈梁内。芯柱混凝土应贯通楼板，当采用装配式钢筋混凝土楼板时，可采用图5-88的方式采取贯通措施。

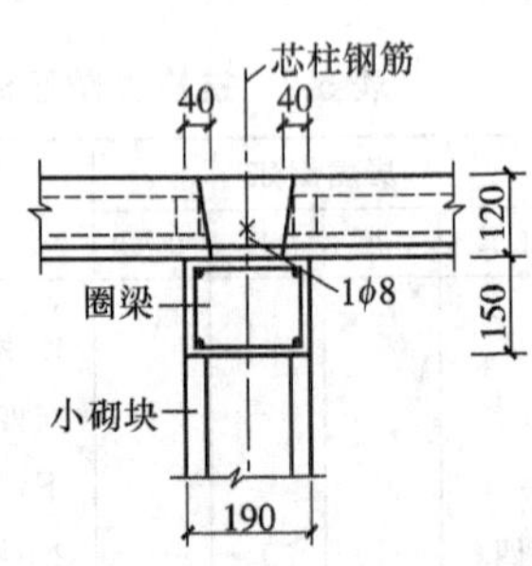

图5-88　芯柱贯通楼板措施

抗震设防地区芯柱与墙体连接处，应设置$\phi4$钢筋网片拉结，钢筋网片每边伸入墙内不宜小于1 m，且沿墙高每隔600 mm设置。

4. 组砌砌块

（1）组砌形式。混凝土空心小砌块墙的立面组砌形式仅有全顺一种，上、下竖向相互错开190 mm；双排小砌块墙横向竖缝也应相互错开190 mm，如图5-89所示。

（2）组砌方法。混凝土空心小砌块宜采用铺灰反砌法进行砌筑。先用大铲或瓦刀在墙顶上摊铺砂浆，铺灰长度不宜超过800 mm，再在已砌砌块的端面上刮砂浆，双手端起小砌块，并使其底面向上，摆放在砂浆层上，并与前一块挤紧，使上下砌块的孔洞对准，挤出的砂浆随手刮去。若使用一端有凹槽的砌块时，应将有凹槽的一端接着平头的一端砌筑。

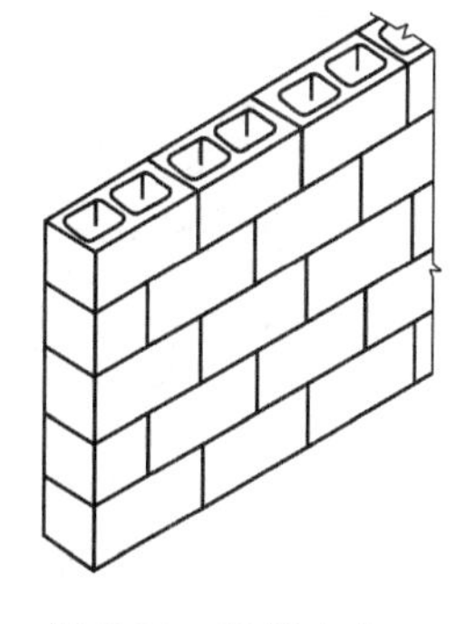

图 5-89　混凝土空心小砌块墙的立面组砌形式

（3）组砌要点。

①普通混凝土小砌块不宜浇水；当天气干燥炎热时，可在砌块上稍加喷水润湿；轻骨料混凝土小砌块施工前可洒水，但不宜过多。龄期不足 28 d 或潮湿的小砌块不得进行砌筑。应尽量采用主规格小砌块，小砌块的强度等级应符合设计要求，并应清除小砌块表面污物和芯柱用小砌块孔洞底部的毛边。

②在房屋四角或楼梯间转角处设立皮数杆，皮数杆间距不得超过 15 m。皮数杆上应画出各皮小砌块的高度及灰缝厚度。在皮数杆上相对小砌块上边线之间拉准线，小砌块依准线砌筑。

③小砌块砌筑应从转角或定位处开始，内外墙同时砌筑，纵横墙交错搭接。外墙转角处应使小砌块隔皮露端面；T 形交接处应使横墙小砌块隔皮露端面，纵墙在交接处改砌两块辅助规格小砌块（尺寸为 290 mm×190 mm×190 mm，一头开口），所有露端面用水泥砂浆抹平，如图 5-90 所示。

④小砌块应对孔错缝搭砌。上下皮小砌块竖向灰缝相互错开190 mm。个别情况当无法对孔砌筑时，普通混凝土小砌块错缝长度不应小于 90 mm，轻骨料混凝土小砌块错缝长度不应小于120 mm；当不能保证此规定时，应在水平灰缝中设置 2ϕ4 钢筋网片，钢筋网片每端均应超过该垂直灰缝，其长度不得小于300 mm，如图 5-91 所示。

⑤小砌块砌体的灰缝应横平竖直，全部灰缝均应铺填砂浆；

(a) 转角处

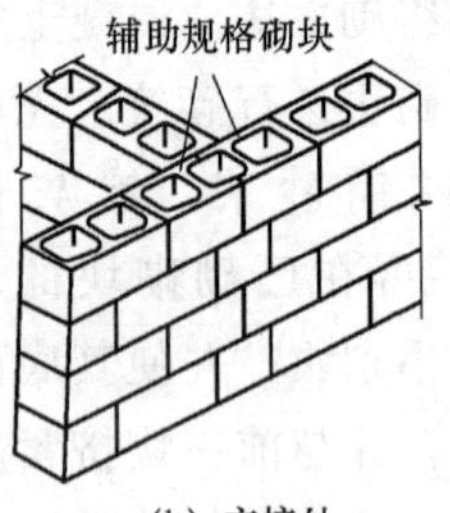

(b) 交接处

图 5-90 小砌块墙转角处及 T 形交接处砌法

水平灰缝的砂浆饱满度不得低于 90%；竖向灰缝的砂浆饱满度不得低于 80%；砌筑中不得出现瞎缝、透明缝。水平灰缝厚度和竖向灰缝宽度应控制在 8～12 mm。当缺少辅助规格小砌块时，砌体通缝不应超过两皮砌块。

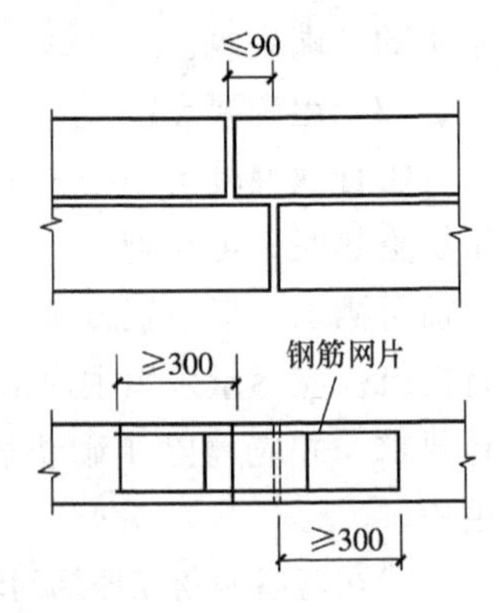

图 5-91 水平灰缝中拉结筋

⑥小砌块砌体临时间断处应砌成斜槎，斜槎长度不应小于斜槎高度的 2/3（一般按一步脚手架高度控制）；如留斜槎有困难，除外墙转角处及抗震设防地区，砌体临时间断处不应留直槎外，可从砌体面伸出 200 mm 砌成阴阳槎，并沿砌体高每三皮砌块（600 mm）设拉结筋或钢筋网片，接槎部位宜延至门窗洞口，如图 5-92 所示。

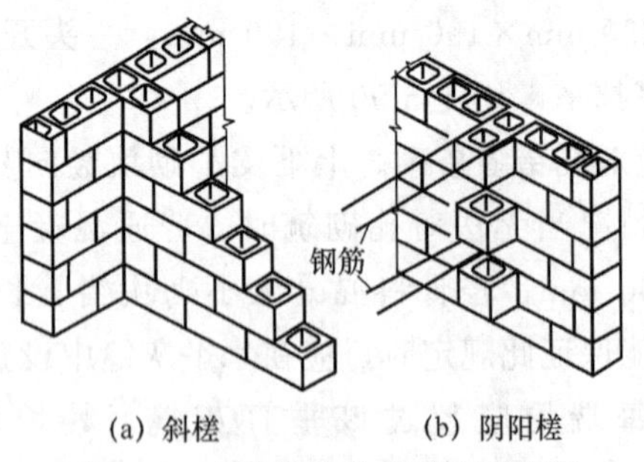

(a) 斜槎　(b) 阴阳槎

图 5-92 小砌块砌体斜槎和阴阳槎

⑦承重砌体严禁使用断裂小砌块或壁肋中有竖向凹形裂缝的

小砌块砌筑，也不得采用小砌块与烧结普通砖等其他块体材料混合砌筑。

⑧小砌块砌体内不宜设脚手眼，如必须设置时，可用辅助规格190 mm×190 mm×190 mm小砌块侧砌，利用其孔洞作脚手眼，砌体完工后用C15混凝土填实。但在砌体下列部位不得设置脚手眼：

a. 过梁上部，与过梁成60°角的三角形及过梁跨度1/2范围内；

b. 宽度不大于800 mm的窗间墙；

c. 梁和梁垫下及左右各500 mm的范围内；

d. 门窗洞口两侧200 mm内和砌体交接处400 mm的范围内；

e. 设计规定不允许设脚手眼的部位。

⑨小砌块砌体相邻工作段的高度差不得大于一个楼层高度或4 m。

⑩常温条件下，普通混凝土小砌块的日砌筑高度应控制在1.8 m内；轻骨料混凝土小砌块的日砌筑高度应控制在2.4 m内。

⑪对砌体表面的平整度和垂直度，灰缝的厚度和砂浆饱满度应随时检查，校正偏差。在砌完每一楼层后，应校核砌体的轴线尺寸和标高，允许范围内的轴线及标高的偏差，可在楼板面上予以校正。

5. 安装芯柱

（1）当设有混凝土芯柱时，应按设计要求设置钢筋，其搭接接头长度不应小于40 *d*（*d*为纵筋直径）。芯柱应随砌随灌随捣实。

（2）当砌筑无楼板墙时，芯柱钢筋应与上、下层圈梁连接，并按每一层进行连续浇筑。

（3）钢筋混凝土芯柱宜用不低于C15的细石混凝土浇灌，每孔内插入不小于1根ϕ10钢筋，钢筋底部伸入室内地面以下500 mm或与基础圈梁锚固，顶部与屋盖圈梁锚固。

（4）在钢筋混凝土芯柱处，沿墙高每隔600 mm应设直径4 mm钢筋网片拉结，每边伸入墙体不小于600 mm。

（5）芯柱部位宜采用不封底的通孔小砌块，当采用半封底小砌块时，砌筑前应打掉孔洞毛边。

(6) 混凝土浇筑前，应清理芯柱内的杂物及砂浆，用水冲洗干净，校正钢筋位置，并绑扎或焊接固定后，方可浇筑。

浇筑时，每浇灌 400～500 mm 高度捣实一次，或边浇灌边捣实。

(7) 芯柱混凝土的浇筑，必须在砌筑砂浆强度大于 1 MPa 以上时，方可进行浇筑。同时要求芯柱混凝土的坍落度控制在 120 mm 左右。

(8) 芯柱安装时要符合一定的质量标准：混凝土小砌块砌体的质量分为合格和不合格两个等级。混凝土小砌块砌体质量合格应符合以下规定：

①主控项目全部符合规定，其中主控项目包括：

a. 小砌块和砂浆的强度等级必须符合设计要求。

抽检数量：每一生产厂家，每 1 万块小砌块至少应抽检 1 组。用于多层以上建筑基础和底层的小砌块抽检数量不应少于 2 组。

砂浆试块的抽检数量：每一检验批且不超过 250 m^3 砌体的各种类型及强度等级的砌筑砂浆，每台搅拌机应至少抽检一次。

检验方法：查小砌块和砂浆试块试验报告。

b. 砌体水平灰缝的砂浆饱满度应按净面积计算，且不得低于 90%；竖向灰缝饱满度不得小于 80%；竖向缝凹槽部位应用砌筑砂浆填实，不得出现瞎缝、透明缝。

抽检数量：每检验批不应少于 3 处。

检验方法：用专用百格网检测小砌块与砂浆黏结痕迹，每处检测 3 块小砌块，取其平均值。

c. 墙体转角处和纵横墙交接处应同时砌筑。临时间断处应砌成斜槎，斜槎水平投影长度不应小于斜槎高度的 2/3。

抽检数量：每检验批抽 20%接槎，且不应少于 5 处。

检验方法：观察检查。

d. 砌体的轴线偏移和垂直度偏差应符合表 5-3 的规定。

抽检数量：轴线查全部承重墙柱；外墙垂直度全高查阳角，不应少于 4 处，每层每 20 m 查一处；内墙按有代表性的自然间抽 10%，但不应少于 3 间，每间不应少于 2 处，柱不少于 5 根。

表 5-3　混凝土小砌块砌体的轴线及垂直度允许偏差

<table>
<tr><th>项次</th><th colspan="3">项目</th><th>允许偏差/mm</th><th>检验方法</th></tr>
<tr><td>1</td><td colspan="3">轴线位置偏移</td><td>10</td><td>用经纬仪和尺检查或用其他测量仪器检查</td></tr>
<tr><td rowspan="3">2</td><td rowspan="3">垂直度</td><td colspan="2">每层</td><td>5</td><td>用 2 m 托线板检查</td></tr>
<tr><td rowspan="2">全高</td><td>≤10 m</td><td>10</td><td rowspan="2">用经纬仪、吊线和尺检查或用其他测量仪器检查</td></tr>
<tr><td>>10 m</td><td>20</td></tr>
</table>

②一般项目应有 80%及以上的抽检处符合规定或偏差值在允许偏差范围内。

砌体的水平灰缝厚度和竖向灰缝宽度宜为 10 mm，不应大于 12 mm，也不应小于 8 mm。

抽检数量：每层楼的检测点不应少于 3 处。

检验方法：用尺量 5 皮小砌块的高度和 2 m 砌体长度折算。

二、加气混凝土砌块砌筑

1. 砌筑准备

(1) 墙体施工前，应将基础顶面或楼层结构面按标高找平，依据图样放出第一皮砌块的轴线、砌体的边线及门窗洞口位置线。

(2) 砌块提前 2 d 进行浇水润湿，浇水时把砌块上的浮尘冲洗干净。

(3) 砌筑墙体前，应根据房屋立面及剖面图、砌块规格等绘制砌块排列图（水平灰缝按 15 mm，垂直灰缝按 20 mm），按排列图制作皮数杆，根据砌块砌体标高要求立好皮数杆，皮数杆立在砌体的转角处，纵向长度一般不应大于 15 m 立一根。

(4) 配制砂浆。按设计要求的砂浆品种、强度等级进行砂浆配制，配合比由实验室确定。采用质量比，计量精度为水泥±2%，砂、石灰膏控制在±5%以内，应采用机械搅拌，搅拌时间不少于 1.5 min。

2. 排列砌块

(1) 应根据工程设计施工图样，结合砌块的品种规格，绘制

砌体砌块的排列图，经审核无误后，按图进行排列。

（2）排列应从基础顶面或楼层面进行，排列时应尽量采用主规格的砌块，砌体中主规格砌块应占总量的80%以上。

（3）砌块排列应按设计的要求进行，砌筑外墙时，应避免与其他墙体材料混用。

（4）砌块排列上下皮应错缝搭砌，搭砌长度一般为砌块长度的1/3，但不应小于150 mm。

（5）砌体的垂直缝与窗洞口边线要避免同缝。

（6）外墙转角处及纵横墙交接处，应将砌块分皮咬槎，交错搭砌，砌体砌至门窗洞口边非整块时，应用同品种的砌块加工切割成，不得用其他砌块或砖镶砌。

（7）砌体水平灰缝厚度一般为15 mm，如果加网片筋的砌体水平灰缝的厚度为20～25 mm，垂直灰缝的厚度为20 mm，大于30 mm的垂直灰缝应用C20级细石混凝土灌实。

（8）凡砌体中需固定门窗或其他构件以及搁置过梁、搁板等部位，应尽量采用大规格和规则整齐的砌块砌筑，不得使用零星砌块砌筑。

（9）砌块砌体与结构构件位置有矛盾时，应先满足构件要求。

3. 砌筑要点

加气混凝土小砌块一般采用铺灰刮浆法，即先用瓦刀或专用灰铲在墙顶上摊铺砂浆，在已砌的砌块端面刮浆，然后将小砌块放在砂浆层上并与前块挤紧，随手刮去挤出的砂浆。也可采用只摊铺水平灰缝的砂浆，竖向灰缝用内外临时夹板灌浆。

（1）将搅拌好的砂浆通过吊斗或手推车运至砌筑地点，在砌块就位前用大铁锹、灰勺进行分块铺灰，较小的砌块最大铺灰长度不得超过1 500 mm。

（2）砌块就位与校正。砌块砌筑前应把表面浮尘和杂物清理干净，砌块就位应先远后近，先下后上，先外后内，应从转角处或定位砌块处开始，吊砌一皮校正一皮。

（3）砌块就位与起吊应避免偏斜，使砌块底面水平下落，就位时由人手扶控制对准位置，缓慢地下落，经小撬棍微撬，拉线控制砌体标高和墙面平整度，用托线板挂直，校正为止。

（4）竖缝灌砂浆。每砌一皮砌块就位后，用砂浆灌实直缝，加气混凝土砌块墙的灰缝应横平竖直，砂浆饱满，水平灰缝砂浆饱满度不应小于90%；竖向灰缝砂浆饱满度不应小于80%。水平灰缝厚度宜为15 mm；竖向灰缝宽度宜为20 mm。随后进行灰缝的勒缝（原浆勾缝），深度一般为3～5 mm。

（5）加气混凝土砌块的切锯、钻孔打眼、镂槽等应采用专用设备、工具进行加工，不得用斧、凿随意砍凿；砌筑上墙后更要注意。

（6）外墙水平方向的凹凸部分（如线脚、雨棚、窗台、檐口等）和挑出墙面的构件，应做好泛水和滴水线槽，以免其与加气混凝土砌体交接的部位积水，造成加气混凝土盐析、冻融破坏和墙体渗漏。

（7）砌筑外墙时，砌体上不得留脚手眼（洞），可采用里脚手或双排立柱外脚手。

（8）当加气混凝土砌块用于砌筑具有保温要求的砌体时，对外露墙面的普通钢筋混凝土柱、梁和挑出的屋面板、阳台板等部位，均应采取局部保温处理措施，如用加气混凝土砌块外包等，可避免贯通式“热桥”；在严寒地区，加气混凝土砌块应用保温砂浆砌筑，如图5-93所示，在柱上还需每隔1 m左右的高度甩筋或加柱箍钢筋与加气混凝土砌块砌体连接。

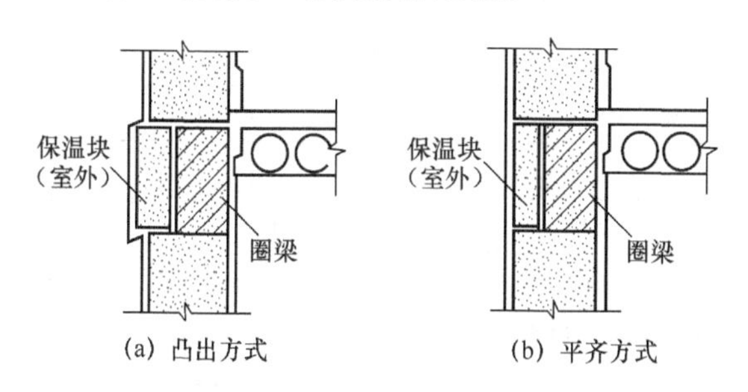

图5-93　外墙局部保温处理

(9) 砌筑外墙及非承重隔墙时，不得留脚手眼。

(10) 不同堆积密度和强度等级的加气混凝土小砌块不应混砌，也不得用其他砖或砌块混砌。填充墙底、顶部及门窗洞口处局部采用烧结普通砖或多孔砖砌筑不视为混砌。

(11) 加气混凝土砌块墙如无切实有效措施，不得使用于下列部位：

①建筑物室内地面标高以下部位。

②长期浸水或经常受干湿交替影响的部位。

③受化学环境侵蚀（如强酸、强碱）或高浓度二氧化碳等环境。

④砌块表面经常处于80℃以上的高温环境。

(12) 加气混凝土砌块砌筑质量标准：

①主控项目。砌块和砌筑砂浆的强度等级应符合设计要求。检验方法：检查砌块的产品合格证书、产品性能检测报告和砂浆试块试验报告。

②一般项目。

a. 砌体一般尺寸的允许偏差应符合表5-4的规定。

抽检数量：对表中1项、2项，在检验批的标准间中随机抽查10%，但不应少于3间；大面积房间和楼道连接两个轴线每10延长米按一标准间计数，每间检验不应少于3处。对表中3项、4项，在检验批中抽检10%，且不应少于5处。

表5-4　加气混凝土砌体一般尺寸允许偏差

项次	项目		允许偏差/mm	检验方法
1	轴线偏移		10	用尺检查
	垂直度	≤3 cm	5	用2 m托线板或吊线、尺检查
		>3 cm	10	
2	表面平整度		8	用2 m靠尺和楔形塞尺检查
3	门窗洞口高、宽（后塞口）		±10	用尺检查
4	外墙上、下窗口偏移		20	用经纬仪或吊线检查

b. 加气混凝土砌块不应与其他块材混砌。

抽检数量：在检验批中抽检 20%，且不应少于 5 处。

检验方法：外观检查。

c. 加气混凝土砌块砌体的灰缝砂浆饱满度不应小于 80%。

抽检数量：每步架子不少于 3 处，且每处不应少于 3 块。

检验方法：用百格网检查砌块底面砂浆的黏结痕迹面积。

d. 加气混凝土砌块砌体留置的拉结钢筋或网片的位置与砌块皮数相符合。拉结钢筋或网片应置于灰缝中，埋置长度应符合设计要求，竖向位置偏差不应超过一定砌块高度。

抽检数量：在检验批中抽检 20%，且不应少于 5 处。

检验方法：观察和用尺量检查。

e. 砌块砌筑时应错缝搭接，搭接长度不应小于砌块长度的 1/3；竖向通缝不应大于 2 皮。

抽检数量：在检验批的标准间中抽查 10%，且不应少于 3 间。

检验方法：观察和用尺检查。

f. 加气混凝土砌块砌体的水平灰缝厚度及竖向灰缝宽度分别宜为 15 mm 和 20 mm。

抽检数量：在检验批的标准间中抽查 10%，且不应少于 3 间。

检验方法：用尺量 5 皮砌块的高度和 2 m 砌体长度。

g. 加气混凝土砌块墙砌至接近梁、板底时，应留一定空隙，待墙体砌筑完并应至少间隔 7 d 后，再将其补砌挤紧。

抽检数量：每验收批抽 10%墙片（每两柱间的填充墙为一墙片），且不应少于 3 片墙。

检验方法：观察检查。

三、粉煤灰砌块砌筑

1. 排列砌块

按砌块排列图在墙体线范围内分块定尺、画线，排列砌块的方法和要求如下：

（1）砌筑前，应根据工程设计施工图，结合砌块的品种、规格，绘制砌体砌块的排列图，经审核无误，按图排列砌块。

（2）砌块排列时尽可能采用主规格的砌块，砌体中主规格的砌块应占总量的75%～80%。其他副规格砌块（如580 mm×380 mm×240 mm、430 mm×380 mm×240 mm、280 mm×380 mm×240 mm）和镶砌用砖（标准砖或承重多孔砖）应尽量减少，分别控制在5%～10%。

（3）砌块排列上下皮应错缝搭砌，搭砌长度一般为砌块的1/2；不得小于砌块高的1/3，也不应小于150 mm。如果搭接缝长度满足不了要求，应采取压砌钢筋网片的措施，具体构造按设计规定。

（4）墙转角及纵横墙交接处，应将砌块分层咬槎，交错搭砌，如果不能咬槎时，按设计要求采取其他的构造措施；砌体垂直缝与门窗洞口边线应避开同缝，且不得采用砖镶砌。

（5）砌块排列尽量不镶砖或少镶砖，需要镶砖时，应用整砖镶砌，而且尽量分散、均匀布置，使砌体受力均匀。砖的强度等级应不小于砌块的强度等级。镶砖应平砌，不宜侧砌或竖砌，墙体的转角处和纵横墙交接处不得镶砖；门窗洞口不宜镶砖，如需镶砖时，应用整砖镶砌，不得使用半砖镶砌。

在每一楼层高度内需镶砖时，镶砌的最后一皮砖和安置有搁栅、楼板等构件下的砖层须用顶砖镶砌，而且必须用无横断裂缝的整砖。

（6）砌体水平灰缝厚度一般为15 mm，如果加钢筋网片的砌体，水平灰缝厚度为20～25 mm，垂直灰缝宽度为20 mm；大于30 mm的垂直缝，应用C20的细石混凝土灌实。

2. 砌筑砌块

（1）粉煤灰砌块墙砌筑前，应按设计图绘制砌块排列图，并在墙体转角处设置皮数杆。粉煤灰砌块的砌筑面适量浇水。

（2）粉煤灰砌块的砌筑方法可采用“铺灰灌浆法”。先在墙顶上摊铺砂浆，然后将砌块按砌筑位置摆放到砂浆层上，并与前一块砌块靠拢，留出不大于20 mm的空隙。待砌完一皮砌块后，在空隙两旁装上夹板或塞上泡沫塑料条，在砌块的灌浆槽内灌砂浆，直至灌满。等到砂浆开始硬化不流淌时，即可卸掉夹板或取出泡沫塑料条，如图5-94所示。

（3）砌块砌筑应先远后近，先下后上，先外后内。每层应从转角处或定位砌块处开始，应吊一皮，校正一皮，皮皮拉麻线控制砌块标高和墙面平整度。

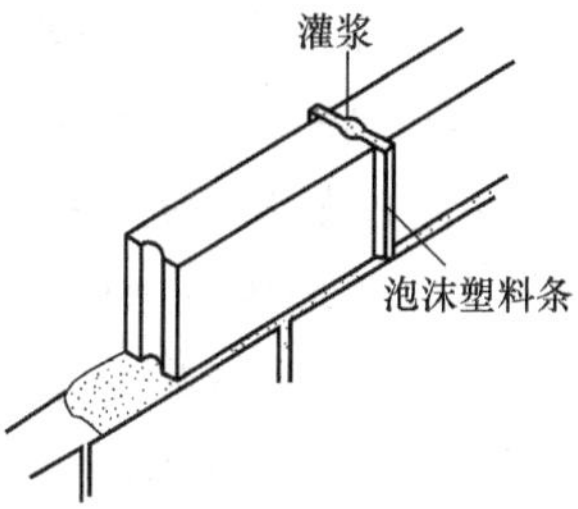

（4）砌筑时，应采用无榫法操作，即将砌块直接安放在平铺的砂浆上。砌筑应做到横平竖直，砌体表面平整清洁，砂浆饱满，灌缝密实。

灌浆
泡沫塑料条

图 5-94　粉煤灰砌块砌筑

（5）内外墙应同时砌筑，相邻施工段之间或临时间断处的高度差不应超过一个楼层，并应留阶梯形斜槎。附墙垛应与墙体同时交错搭砌。

（6）粉煤灰砌块是立砌的，立面组砌形式只有全顺一种。上下皮砌块的竖缝相互错开 440 mm，个别情况下相互错开不小于 150 mm。

（7）粉煤灰砌块墙水平灰缝厚度不应大于 15 mm，竖向灰缝宽度不应大于 20 mm（灌浆槽处除外），水平灰缝砂浆饱满度不应小于 90%，竖向灰缝砂浆饱满度不应小于 80%。

（8）粉煤灰砌块墙的转角处及丁字交接处，可使隔皮砌块露头，但应锯平灌浆槽，使砌块端面为平整面，如图 5-95 所示。

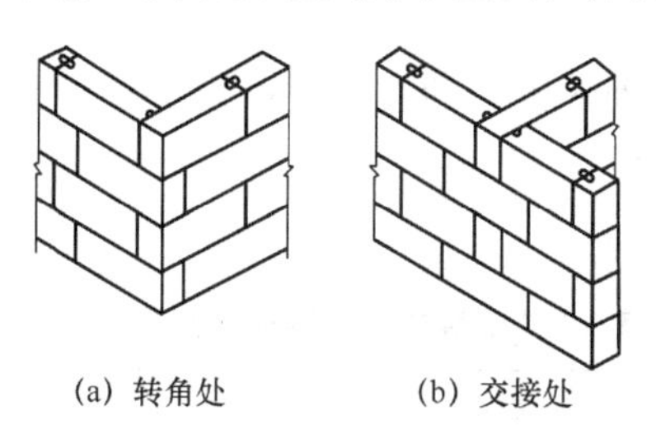

(a) 转角处　　(b) 交接处

图 5-95　粉煤灰砌块墙转角处、交接处的砌法

（9）校正时，不得在灰缝内塞进石子、碎片，也不得强烈振动砌块；砌块就位并经校正平直、灌垂直缝后，应随即进行水平灰缝和竖缝的勒缝（原浆勾缝），勒缝的深度一般为 3～5 mm。

(10) 粉煤灰砌块墙中门窗洞口的周边，宜用烧结普通砖砌筑，砌筑宽度应不小于半砖。

(11) 粉煤灰砌块墙与承重墙（或柱）交接处，应沿墙高1.2 m左右在水平灰缝中设置3根直径4 mm的拉结钢筋，拉结钢筋伸入承重墙内及砌块墙的长度均不小于700 mm。

(12) 粉煤灰砌块墙砌到接近上层楼板底时，因最上一皮不能灌浆，可改用烧结普通砖或煤渣砖斜砌挤紧。

(13) 砌筑粉煤灰砌块外墙时，不得留脚手眼。每一楼层内的砌块墙应连续砌完，尽量不留接槎。如必须留槎时，应留成斜槎，或在门窗洞口侧边间断。

(14) 当板跨大于4 m并与外墙平行时，楼盖和屋盖预制板紧靠外墙的侧边宜与墙体或圈梁拉结锚固，如图5-96所示。

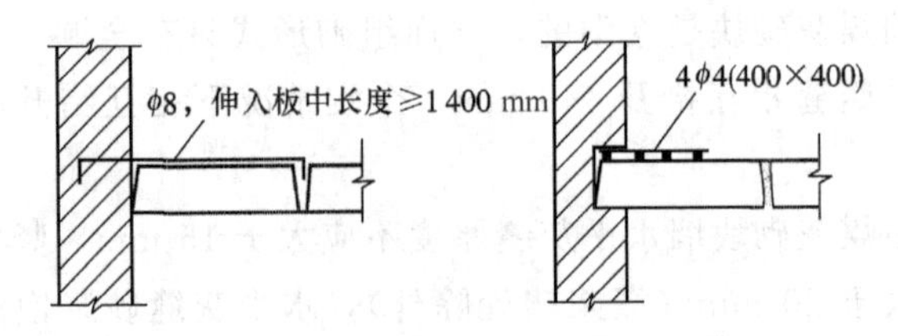

图5-96　非支承向板与墙体拉结锚固

对于钢筋混凝土预制楼板相互之间以及板与梁、墙与圈梁的连接更要注意加强。

(15) 粉煤灰砌块砌体的质量标准可参照加气混凝土砌块砌体的质量标准，粉煤灰砌块砌体的允许偏差应符合表5-5的规定。

表5-5　粉煤灰砌块砌体的允许偏差

项　目	允许偏差/mm	检验方法
轴线位置	10	用经纬仪、水平仪复查或检查施工记录
基础或楼面标高	±15	用经纬仪、水平仪复查或检查施工记录

（续表）

<table>
<tr><th colspan="3">项　目</th><th>允许偏差/mm</th><th>检验方法</th></tr>
<tr><td rowspan="3">垂直度</td><td colspan="2">每楼层</td><td>5</td><td>用吊线法检查</td></tr>
<tr><td rowspan="2">全高</td><td>10 m 以下</td><td>10</td><td rowspan="2">用经纬仪或吊线尺检查</td></tr>
<tr><td>10 m 以上</td><td>20</td></tr>
<tr><td colspan="3">表面平整度</td><td>10</td><td>用 2 m 长直尺和塞尺检查</td></tr>
<tr><td rowspan="2">水平灰缝平直度</td><td colspan="2">清水墙</td><td>7</td><td rowspan="2">灰缝上口处用 10 m 长的线拉直并用尺检查</td></tr>
<tr><td colspan="2">混水墙</td><td>10</td></tr>
<tr><td colspan="3">水平灰缝厚度</td><td>+10
−5</td><td>与线杆比较，用尺检查</td></tr>
<tr><td colspan="3">竖向灰缝宽度</td><td>+10
−5
>30 用细石混凝土</td><td>用尺检查</td></tr>
<tr><td colspan="3">门窗洞口宽度（后塞框）</td><td>+10
−5</td><td>用尺检查</td></tr>
<tr><td colspan="3">清水墙面游丁走缝</td><td>2</td><td>用吊线和尺检查</td></tr>
</table>

四、多层砌块砌体砌筑

1. 构造要求

（1）砌块砌体应分皮错缝搭接，上下皮搭砌长度不得小于 90 mm。

（2）当搭接长度不满足上述要求时，应在水平灰缝内设置不少于 2ϕ4 的焊接钢筋网片，横向钢筋的间距不应大于200 mm，网片每端均应超过该垂直缝，其长度不得小于 300 mm。

（3）填充墙、隔墙应分别采取措施与周边构件连接。

（4）砌块墙与后砌隔墙交接处，应沿墙高每 400 mm 在水平灰缝内设置不少于 2ϕ4、横筋间距不大于 200 mm 的焊接钢筋网片，如图 5-97 所示。

（5）混凝土砌块墙体的下列部分，如未设圈梁或混凝土垫

块，应采用不低于 C20 的灌孔混凝土将孔洞灌实。

搁栅、檩条和钢筋混凝土楼板的支承面下，高度不应小于 200 mm 的砌体。

屋架、大梁等构件的支承面下，高度不应小于600 mm、长度不应小于 600 mm 的砌体。

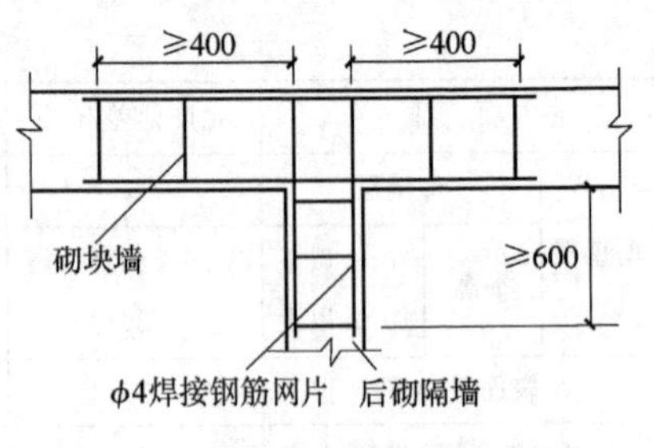

图 5-97　砌块墙与后砌隔墙交接

挑梁支承面下，距离中心线每边不应小于 300 mm、高度不应小于 600 mm 的砌体。

（6）山墙处的壁柱宜砌至山墙顶部，屋面构件应与山墙可靠拉结。在风压较大的地区，屋盖不宜挑出山墙。

（7）不应在截面长边小于 500 mm 的承重墙体、独立柱内埋设管线。墙体中应避免开凿沟槽，无法避免时应采取必要的加强措施或按削弱后的截面验算墙体的承载力。

（8）砌块砌体材料的最低强度等级见表 5-6。

表 5-6　砌块砌体材料的最低强度等级

序号	砌块砌体的应用部分		砌块	砂浆
1	五层及五层以上房屋的墙 受振动的墙 层高大于 6 m 的墙		MU7.5	M5
2	地面以下或防湿层以下的混凝土砌块砌体潮湿房间墙	稍潮湿的	MU7.5	M5（水泥砂浆）
		很潮湿的	MU7.5	M7.5（水泥砂浆）
		含水饱和的	MU10	M10（水泥砂浆）

注：地面以下或者防潮层以下的砌体采用混凝土空心砌块砌体时，其孔洞应采用不低于 C20 的混凝土灌实。对安全等级为一级或设计使用年限大于 50 年的房屋墙柱所用材料的最低强度等级应至少提高一级。

（9）圈梁构造设置位置。为增强房屋的整体刚度，防止由于地基不均匀沉降或较大振动荷载等对房屋引起的不利影响，在墙中设置钢筋混凝土圈梁。

（10）空旷的单层房屋，如车间、仓库、食堂等，应按下列规定设置圈梁。

①砌块砌体房屋，檐口标高为 4～5 m 时，应在檐口标高处设置圈梁一道；檐口标高大于 5 m 时，应增加设置数量。

②对有起重机或较大振动设备的单层工业房屋，除在檐口或窗顶标高处设置现浇钢筋混凝土圈梁外，还应在吊车梁标高处或其他适当位置增设。

（11）多层砌块房屋应按下列规定设置圈梁。

①多层砌块民用房屋如宿舍、办公楼等，且层数为 3～4 层时，应在底层和檐口标高处设置圈梁一道。当层数超过 4 层时，至少应在所有纵、横墙上隔层设置。

②多层砌块工业房屋，应每层设置现浇钢筋混凝土圈梁。

③设置墙梁的多层砌块房屋，应在托梁、墙梁顶面和檐口标高处设置现浇钢筋混凝土圈梁，其他楼盖处应在所有纵横墙上每层设置。

④采用现浇钢筋混凝土楼（屋）盖的多层砌块房屋，当层数超过 5 层时，除在檐口标高处设置一道圈梁外，还可隔层设置圈梁，并与楼（屋）面板一起现浇。

（12）建筑在软弱地基或不均匀地基上的砌块房屋，应按下列规定设置圈梁。

①在多层房屋的基础和顶层檐口处各设置一道圈梁，其他各层可隔层设置，必要时也可层层设置。

②单层工业厂房、仓库等，可结合基础梁、连系梁、过梁等酌情设置。

③圈梁宜设置在外纵墙、内纵墙和主要内横墙上。

④在墙体上开洞过大时，宜在开洞部位适当配筋和采用芯柱或构造柱、圈梁加强。

（13）圈梁构造要求。

①圈梁宜连续地设在同一水平面上，并形成封闭状，当圈梁被门窗洞口截断时，应在洞口上部增设相同截面的附加圈梁。附加圈梁与圈梁的搭接长度不应小于其到中垂直间距的 2 倍，且不

得小于1 m。

②圈梁的宽度宜与墙厚相同。圈梁的高度宜为块高的倍数，但不宜小于200 mm，纵向钢筋不应少于4ϕ10，箍筋间距不应大于300 mm。混凝土强度等级不宜低于C20。

③圈梁兼作过梁时，过梁部分的钢筋应按计算用量单独配置。

④纵横墙交接处的圈梁应有可靠的连接。挑梁与圈梁相遇时，宜整体现浇，当采用预制挑梁时，应采取适当措施，保证挑梁、圈梁和芯柱的整体连接。

(14) 过梁构造。门窗洞口顶部应采用钢筋混凝土过梁，验算过梁下砌体局部承压时，可不考虑上层荷载的影响。过梁上的荷载可按下列规定采用。

①梁、板荷载：当梁、板下的墙体高度小于过梁净跨时，应计入梁、板传来的荷载；当梁、板下墙体高度不小于过梁净跨时，可不考虑梁、板荷载。

②墙体荷载：当过梁上墙体高度小于1/2过梁净跨时，应按墙体的均布自重采用；当墙体高度不小于过梁净跨时，应按高度为1/2过梁净跨墙体的均布自重采用。

(15) 芯柱构造。

①芯柱的截面及连接。在混凝土小型砌块房屋中，每个芯柱的截面一般为砌块孔洞的尺寸，芯柱截面不宜小于120 mm×120 mm，其混凝土强度等级不应低于C20。芯柱的竖向插筋应贯通墙身且与圈梁连接；插筋不应小于1ϕ12，7度时超过5层、8度时超过4层和9度时，插筋不应小于1ϕ14。芯柱应伸入室外地面下500 mm或与埋深小于500 mm的基础圈梁相连。为提高墙体抗震受剪承载力而设置的芯柱，宜在墙体内均匀布置，最大净距不宜大于2.0 m。小砌块房屋墙体交接处或芯柱与墙体连接处应设置拉结钢筋网片，网片可采用直径4 mm的钢筋点焊而成，沿墙高每隔600 mm设置，每边伸入墙内不宜小于1 m。

②代替芯柱的构造柱。有的小砌块房屋中设置钢筋混凝土构造柱来代替芯柱，该构造柱应符合下列构造要求。

构造柱最小截面可采用190 mm×190 mm，纵向钢筋宜采用

4ϕ12，箍筋间距不宜大于 250 mm，且在柱上下端宜适当加密；7 度时超过 5 层、8 度时超过 4 层和 9 度时，构造柱纵向钢筋宜采用 4ϕ14，箍筋间距不应大于 200 mm；外墙转角的构造柱可适当加大截面及配筋。构造柱与砌块墙连接处应砌成马牙槎，与构造柱相邻的砌块孔洞，6 度时宜填实，7 度时应填实，8 度时应填实并插筋；沿墙高每隔 600 mm 应设拉结钢筋网片，每边伸入墙内不宜小于 1 m。构造柱与圈梁连接处，构造柱的纵筋应穿过圈梁，保证构造柱纵筋上下贯通。构造柱可不单独设置基础，但应伸入室外地面下 500 mm，或与埋深小于 500 mm 的基础圈梁相连。

（16）温度伸缩缝设置。为了避免建筑物在不均匀沉降和温度变化时产生裂缝，设计中要人为地设置变形缝，即温度伸缩缝和沉降缝。温度缝可只将建筑物分开，基础不分开，以使建筑物不同部位在温度作用下有不同的自由伸缩。温度收缩缝的间距与室外采暖计算温度有关，可参考表 5-7 所提供的数据。

（17）沉降缝设置。沉降缝沿建筑物全高设置，将基础和建筑物沿高度全部分开，以保证建筑物不同部位有不同的沉降量。建筑物的沉降缝一般在下列情况设置。

表 5-7　集中采暖建筑温度缝的最大间距

序　　号	室外计算温度/℃	砂浆强度等级	
		≥M5	M2.5～M1.0
1	≤－30	25 m	35 m
2	－30～－21	30 m	45 m
3	－20～－11	40 m	60 m
4	≥－10	50 m	75 m

①当建筑物基础下有不同土层，地基土的承载力相差较大时，或者一边为可压缩性土层，而另一边为几乎处于不同压缩层时。

②在新建筑物与老建筑物接缝处。

③当建筑物各部分高度相差大于 10 m 以上时。

④当建筑物各部分荷载相差较大，造成基础宽度相差在 2～3

倍以上时。

⑤当建筑物各部分之间基础埋深相差较大时。

(18) 控制缝设置。砌块砌体对湿度变化很敏感，随着湿度的变化而发生体积变化。因此，在设计中还要考虑因湿度变化而需设置的缝，通常称为控制缝。控制缝应设在因湿度变化发生收缩变形可能引起的应力集中和砌体产生裂缝可能性最大的部位，如墙高度变化处、墙厚度变化处、基础附近、楼板和屋面板设缝部位以及墙面的开口处。控制缝应与温度伸缩缝和沉降缝一样能使墙体自由移动，但对外力又要有足够的抵抗能力。在有实践经验的地方，控制缝的间距也可适当放宽。外墙控制缝也必须是防水的。

2. 夹心墙构造

(1) 夹心墙的构造原理。夹心墙是集承重、保温和装饰于一体的一种墙体，特别适用于寒冷和严寒地区的建筑外墙，国外应用广泛并具有完整的设计和构造规定。试验表明，按照《砌体规范工程施工及验收》(GB 50203—2011)(以下简称《砌体规范》)规定的构造设计的夹心墙具有可靠的建筑结构功能。而保证这些功能的基本要素为墙体的材料、构造方式，包括拉结件的布置及拉结件（筋）的防腐，以及外叶墙的横向支承的间距等。由内外叶墙和连接这些叶墙的拉结件组成的夹心墙在荷载作用下存在着一定程度的共同作用，国外规范也有相应的计算方法。

(2) 夹心墙的构造。《砌体规范》夹心墙拉结件的设置，直径、间距及洞口周边附加拉结件的要求均较美国建筑统一法规(UBC) 的规定更严。如《砌体规范》规定的最大横向支点距离，对 6 度、7 度及 8 度区，分别为 9 m、6 m 和 3 m，即近似于 3 层、2 层和 1 层。夹心墙的构造如图 5-98、图 5-99 所示。夹心墙横向支承圈梁节能构造如图 5-100 所示。

3. 房屋防裂

(1) 产生墙体裂缝的因素。砌块墙体承受着荷载和变形作用，常因某种作用，在墙体应力和变形较大的部分，因墙体抗压、抗剪和抗拉强度不足产生墙体裂缝。

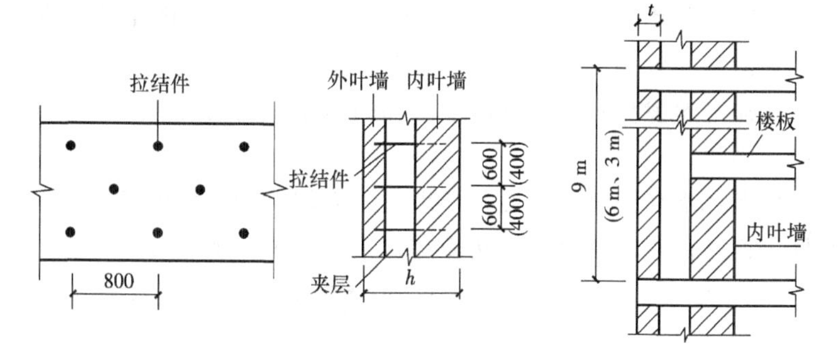

(a) 拉结件布置　　(b) 外叶墙横向支承

图 5-98　夹心墙拉结件布置

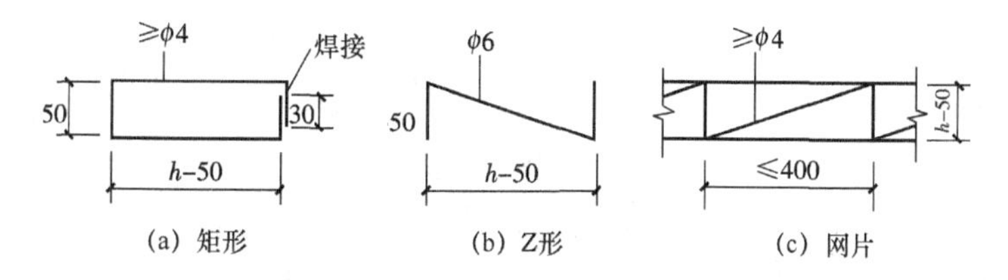

(a) 矩形　　(b) Z形　　(c) 网片

图 5-99　夹心墙拉结件形式

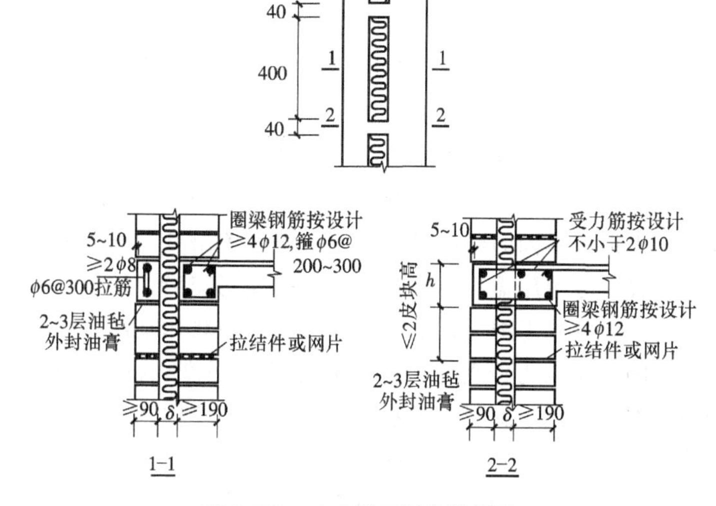

图 5-100　夹心墙圈梁节能构造

在荷载作用下，砌块墙体强度不足，在墙体上产生受力裂缝，最后将导致墙体破坏。

砌块建筑发生较大的整体或局部的地基不均匀沉降，在墙体上产生裂缝。

屋盖和墙体因温度作用，产生超过墙体抗裂极限的变形，在墙体上产生的温度裂缝。砌块墙体温度线膨胀系数为 10×10^{-6}，较砖砌体大 1 倍，因此控制温度对墙体的作用较砖砌体更为重要。

砌块砌体的干缩变形在墙体上产生的干缩裂缝。砌块砌体收缩率为－0.2 mm/m，砖砌体为－0.1 mm/m，因此砌块砌体防止墙体干缩很重要。

(2) 顶层墙体裂缝。顶层墙体裂缝种类，如图 5-101 所示。

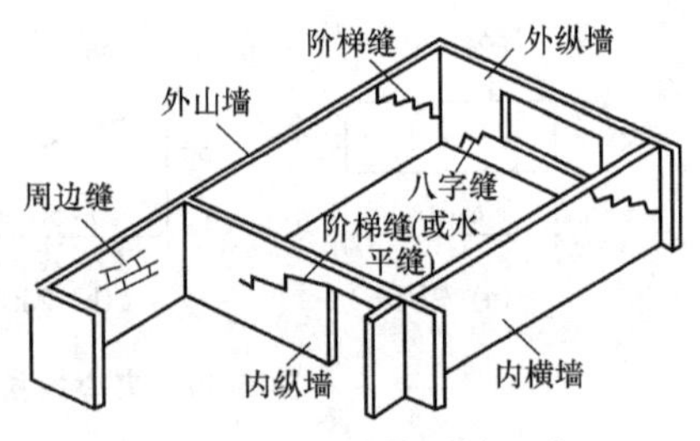

图 5-101　顶层墙体裂缝示意

顶层房屋两端外纵墙窗角处的裂缝（常称八字缝）和外纵墙的屋顶板下或圈梁底下的水平缝。顶层房屋端部第一开间内纵墙上的阶梯缝或水平缝。顶层横墙上，由垂直和水平灰缝连接而成的阶梯缝。顶层楼梯间两侧横墙上的水平缝或阶梯缝。

顶层墙体裂缝主要是由屋盖和墙体在温度作用下造成的，屋盖和墙体在房屋中处于不同部分，受太阳辐射的程度不同，在屋面和墙面上形成不同的温度场分布，由于屋盖温度与墙体温度有较大的差异，导致屋盖和墙体存在很大的相对变形，使屋面板对墙顶产生很大的水平推力，迫使墙体变形，当墙体某部分因温度作用产生的主拉应力或剪应力超过砌体抗剪强度或抗拉强度时，在墙体某部分就发生斜裂缝或水平裂缝，此外墙体在干缩过程中对墙体裂缝的产生和发展也有较大影响。

从调查中发现，砌块顶层墙体裂缝和屋面的构造、纵墙的长度、墙体的平面布置及墙体的构造措施等有关。特别重要的是与当地气候和环境以及屋盖和墙体的保温、隔热措施有关。上述的墙体裂缝常在屋盖未设保温隔热层或设置简单隔热措施和房屋长度过长或墙体抗裂构造措施不强或设置不当的砌块建筑中发生。调查中也见到一些砌块建筑采取合理和有效的防治墙体裂缝的构造措施，砌块墙体未出现裂缝或裂缝得到控制。

（3）山墙墙体裂缝。房屋东、西山墙墙面日照强度大，墙体面积大，东、西山墙常见垂直裂缝，偶尔也发现局部墙面上沿砌块四边灰缝的周边缝。东、西山墙在墙面太阳辐射热作用下加速了墙体材料的干缩，墙体在温度膨胀和材料干缩作用下发生垂直裂缝。

（4）底层墙体的裂缝。底层窗台墙体上的垂直或阶梯裂缝。底层窗台墙裂缝主要是由墙体局部差异沉降引起的，图5-102（a）所示主要是基础梁刚度不足，窗间墙反向弯曲造成的，或者是由于窗间墙荷载大，底层窗台角未加构造措施或措施不强，致使窗台墙抗剪强度不足造成的。

底层横墙上的垂直裂缝，如图 5-102（b）所示。底层横墙上的垂直裂缝在砌块建筑中偶尔也会发生。该裂缝常在淋雨后的过湿砌块砌筑的墙体上发生，由于底层横墙周边约束条件较好，墙体在有约束条件下干缩，造成在墙体中部的干缩裂缝。底层墙体压力较大，墙体的垂直荷载在其上产生的水平拉应力对裂缝的发生也有一定的作用。

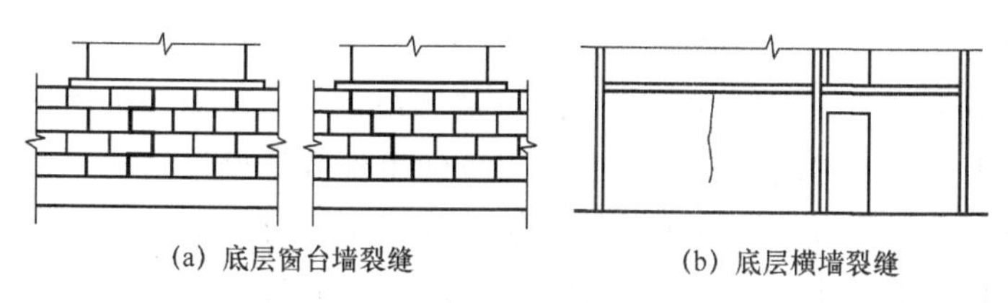

(a) 底层窗台墙裂缝　　(b) 底层横墙裂缝

图 5-102　底层墙体裂缝

（5）砌块墙体的抗裂构造措施。为了防止或减轻房屋在正常使用条件下，由温差和砌体干缩引起的墙体竖向裂缝，应在墙体中设置伸缩缝。伸缩缝应设在因温度和收缩变形可能引起应力集中、砌体产生裂缝可能性最大的地方。砌块墙体伸缩缝的最大间

距见表5-8。

表 5-8 砌块房屋伸缩缝的最大间距 （单位：mm）

序号	屋盖或楼盖类别		间距
1	整体式或装配整体式钢筋混凝土结构	有保温层或隔热层的屋盖、楼盖	50
		无保温层或隔热层的屋盖	40
2	整体式无檩体系钢筋混凝土结构	有保温层或隔热层的屋盖、楼盖	60
		无保温层或隔热层的屋盖	50
3	整体式有檩体系钢筋混凝土结构	有保温层或隔热层的屋盖	75
		无保温层或隔热层的屋盖	60
4	瓦材屋盖、木屋盖或楼盖、轻钢屋盖		100

注：1. 当有实践经验并采取有效措施时，可不遵守本表规定。
2. 在钢筋混凝土屋面上挂瓦的屋盖应按钢筋混凝土屋盖采用。
3. 按本表设置的墙体伸缩缝，一般不能同时防止由于钢筋混凝土屋盖的温度变形和砌体干缩变形引起的墙体局部裂缝。
4. 层高大于 5 m 配筋砌体单层房屋，其伸缩缝间距可按表中数值乘以 1.3，但不应大于 75 m。
5. 温差较大且变化频繁地区、严寒地区不采暖的房屋及构筑物墙体的伸缩缝的最大间距，应按表中数值予以适当减少。
6. 墙体的伸缩缝应与结构的其他变形缝相重合，在进行立面处理时，必须保证缝隙的伸缩作用。

（6）防止或减轻房屋顶层砌块墙体裂缝的措施。屋面应设置保温、隔热层。屋面保温（隔热）层的屋面刚性面层及砂浆找平层应设分隔缝，分隔缝间距不宜大于 6 m，并与女儿墙隔开，其缝宽不小于 30 mm。采用装配式有檩体系瓦材坡屋面。采用钢筋混凝土现浇坡屋面时，宜采用屋面板伸出外墙的挑檐结构。在钢筋混凝土屋面板与墙体圈梁的接触处设置水平滑动层，对于纵墙可在其房屋两端 2～3 个开间内设置。现浇钢筋混凝土屋盖，当房屋较长时，可在屋盖设置分隔缝，分隔缝间距不宜大于 20 m。对外露的混凝土女儿墙宜沿纵向不大于12 m设置局部分隔缝。顶层屋面板下设置现浇钢筋混凝土圈梁，并沿内外墙拉通。现浇钢筋混凝土坡屋面应在檐口标高处墙体内增设圈梁。顶层墙体门窗洞口过梁上砌体水平缝中设 2ϕ4 网片或 2ϕ6 钢筋，网片应伸入过梁两端墙内不小于600 mm。顶层外纵墙门窗洞口两侧设插筋芯柱，在房屋两端第一开间门窗洞两侧宜加设两个插筋芯柱或采用钢筋混凝土构造柱。插筋芯柱或构造柱应与楼层圈梁连接。顶层房屋两端第一开间、第二开间的内外纵墙和山墙，在窗台标高外设置通长钢筋混凝土圈梁。圈梁高度宜为块高模数，纵筋不少于4ϕ10，箍筋 ϕ6@200，Cb20 混凝土。也可在顶层窗台标高处设配筋带，配筋带高度宜为 60 mm，配筋不小于 2ϕ6。窗台采用现浇钢筋混凝土板。顶层横墙在窗台标高以上设钢筋网，钢筋网间距宜为400 mm，网片配筋 2ϕ4，横筋 ϕ4@200。在横墙端部窗台标高以上长度 3 m 左右为墙体高应力区，宜在该处设插筋芯柱，芯柱间距不宜大于 1.5 m。顶层房屋两端第一开间、第二开间的内纵墙，在墙中应设插筋芯柱，芯柱间距不宜大于 1.5 m 并在墙中设置横向水平钢筋网片。东西山墙可设置水平钢筋网片或山墙中增设插筋芯柱或构造柱。网片间距不宜大于 400 mm，芯柱或构造柱间距不宜大于 3 m。提高顶层砂浆强度等级，砂浆强度等级不低于 Mb5。女儿墙应设置构造柱，构造柱间距不宜大于 4 m，在房屋两端，两个开间构造柱间距应适当减少。构造柱应与现浇钢筋混凝土压顶整浇在一起。对抗震设防 7 度和 7 度以下地区，砌块房屋的顶层、底层墙体可设置竖向控制缝，控制缝间距不宜大于9 mm。砌块出厂龄期应大于 28 d，现场堆放应有防雨措施，上墙砌块应严格控制含水率，严禁雨天施工。合理选用砌块外墙的抹灰材料和施工工艺。

（7）防止房屋底层墙体裂缝的措施。增加基础和圈梁刚度，软弱土地基可选用桩基。基础部分砌块墙体在砌块孔洞中用 C20 混凝土灌实。底层窗台下墙体设通长钢筋网片，竖向间距不大于400 mm。底层窗台采用现浇钢筋混凝土窗台板，窗台板伸入窗间墙内不小于 600 mm。

五、砌块建筑的施工

1. 铺灰和灌竖缝

砌块砌体的砂浆以用水泥石灰混合砂浆为好，不宜用水泥砂浆或水泥黏土混合砂浆。砂浆不仅要求具有一定的黏结力，还必

须具有良好的和易性，以保证铺灰均匀，并与砌块黏结良好；同时可以加快施工速度，提高工效。砌筑砂浆的稠度为7～8 cm（炎热或干燥环境下）或 5～6 cm（寒冷或潮湿环境下）。

铺设水平灰缝时，砂浆层表面应尽量做到均匀平坦。上下皮砌块灰缝以缩进 5 mm 为宜。铺灰长度应视气候情况严格掌握，一般每次为 5 mm 左右。酷热或严寒季节，则应适当缩短。平缝砂浆如已干，则应刮去重铺。

基础和楼板上第一皮砌块的铺灰，要注意混凝土垫层和楼板面是否平坦，发现有高低时，应用 M10 砂浆或 C15 细石混凝土找平，待找平层稍微干硬后再铺设灰缝砂浆。

竖缝灌缝应做到随砌随灌。灌筑竖缝砂浆和细石混凝土时，可用灌缝夹板夹牢砌块竖缝，用瓦刀和竹片将砂浆或细石混凝土灌入，认真捣实。对于门、窗边规格较小的砌块竖缝，灌缝时应仔细操作，防止挤动砌块。

铺灰和灌缝完成后，下一皮砌块吊装时，不准撞击或撬动已灌好缝的砌块，以防墙砌体松动。当冬期和雨天施工时，还应采取使砂浆不受冻结和雨水冲刷的措施。

2. 镶砖

由于砌块规格限制和建筑平、立面的变化，在砌体中还经常有不可避免的镶砖量。镶砖的强度等级不应低于 10 MPa。

镶砖主要是用于较大的竖缝（通常大于 110 mm）和过梁、圈梁的找平等。镶砖在砌筑前也应浇水润湿，砌筑时宜平砌，镶砖与砌块之间的竖缝一般为 10～20 mm。镶砖的上皮砖口与砌块必须找齐，如图 5-103 所示。

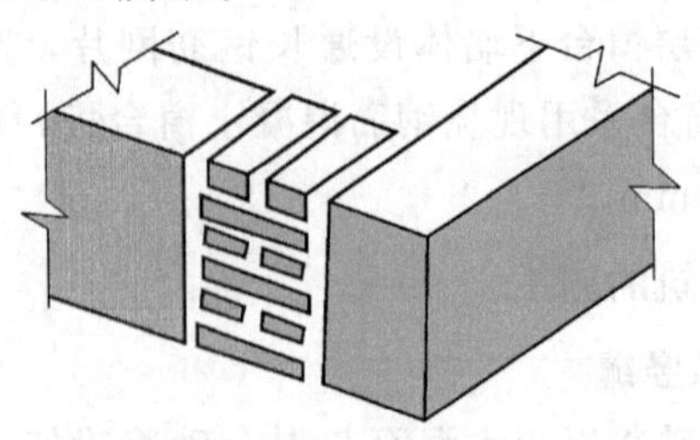

图 5-103　镶砖与砌块上口找齐

不要使镶砖高于或低于砌块口，否则上皮砌块容易断裂损坏。

门、窗、转角不宜镶砖，必要时应用一砖（190 mm或240 mm）镶切，不得使用半砖。镶砖的最后一皮和安放搁栅、楼板、梁、檩条等构件下的砖层都必须使用整块的顶砖，以确保墙体质量。

第三节 石砌体砌筑施工技术

一、料石砌筑施工

1. 施工要求

（1）石砌体工程所用的材料应有产品的合格证书、产品性能检测报告。料石、水泥、外加剂等应有材料主要性能的进场合格证及复试报告。

（2）砌筑石材基础前，应校核放线尺寸，允许偏差应符合表2-1的规定。

（3）石砌体砌筑顺序应符合下列规定。

①基底标高不同时，应从低处砌起，并应由高处向低处搭砌。当设计无要求时，搭接长度不应小于基础扩大部分的高度。

②料石砌体的转角处和交接处应同时砌筑。不能同时砌筑时，应按规定留槎、接槎。

（4）设计要求的洞口、管道、沟槽应于料石砌体砌筑前正确留出或预埋，未经设计同意，不得打凿料石墙体或在料石墙体上开凿水平沟槽。

（5）搁置预制梁板的料石砌体顶面应找平，安装时应坐浆。设计无具体要求时，应采用1∶2.5的水泥砂浆。

（6）设置在潮湿环境或有化学侵蚀性介质的环境中的料石砌体灰缝内的钢筋应采取防腐措施。

2. 砌筑基础

（1）料石基础的构造。料石基础是用毛料石或粗料石与水泥混合砂浆或水泥砂浆砌筑而成。料石基础有墙下的条形基础和柱下独立基础等。依其断面形状有矩形、阶梯形等，如图5-104所示。阶梯形基础每阶挑出宽度不大于 200 mm，每阶为一皮或二皮料石。

（2）料石基础的组砌形式。料石基础砌筑形式有顶顺叠砌和顶顺组砌。顶顺叠砌是一皮顺石与一皮顶石相隔砌成，上下皮竖缝相互错开 1/2 石宽；顶顺组砌是同皮内 1～3 块顺石与一块顶石相隔砌成，顶石中距不大于 2 m，上皮顶石坐中于下皮顺石，上下皮竖缝相互错开至少 1/2 石宽，如图 5-105 所示。

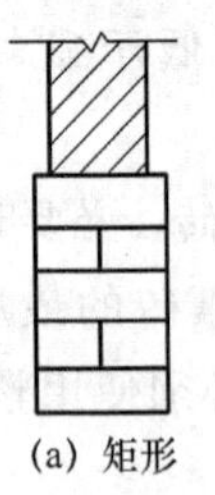

(a) 矩形

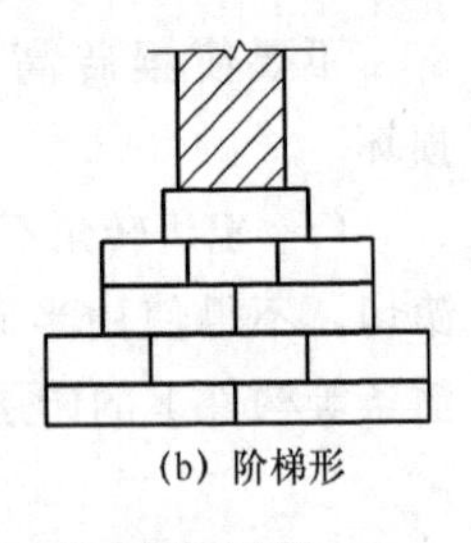

(b) 阶梯形

图 5-104　料石基础断面形状

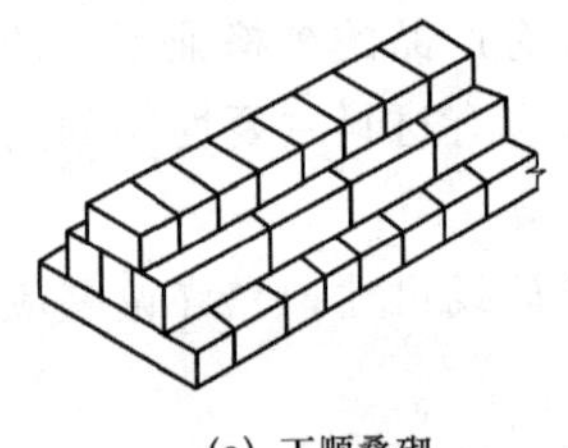

(a) 丁顺叠砌

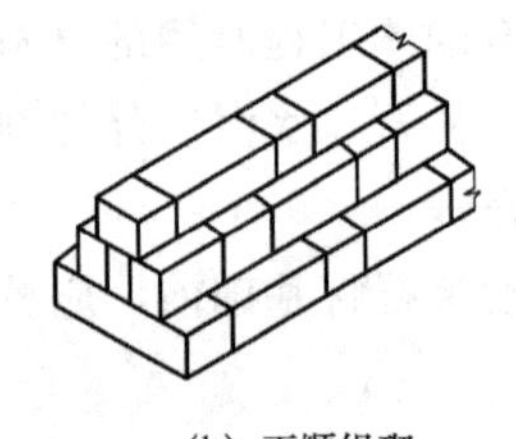

(b) 丁顺组砌

图 5-105　料石基础砌筑形式

（3）砌筑准备。放好基础的轴线和边线，测出水平标高，立好皮数杆。皮数杆间距以不大于 15 m 为宜，在料石基础的转角处和交接处均应设置皮数杆。

砌筑前，应将基础垫层上的泥土、杂物等清除干净，并浇水湿润。

拉线检查基础垫层表面标高是否符合设计要求。如第一皮水平灰缝厚度超过 20 mm 时，应用细石混凝土找平，不得用砂浆或在砂浆中掺碎砖或碎石代替。

常温施工时，砌石前一天应将料石浇水湿润。

（4）砌筑要点。

①料石基础宜用粗料石或毛料石与水泥砂浆砌筑。料石的宽度、厚度均不宜小于 200 mm，长度不宜大于厚度的 4 倍。料石强度等级应不低于 M20。砂浆强度等级应不低于 M5。

②料石基础砌筑前，应清除基槽底杂物；在基槽底面上弹出基础中心线及两侧边线；在基础两端立起皮数杆，在两皮数杆之间拉准线，依准线进行砌筑。

③料石基础的第一皮石块应坐浆砌筑，即先在基槽底摊铺砂浆，再将石块砌上，所有石块应丁砌，以后各皮石块应铺灰挤砌，上下错缝，搭砌紧密，上下皮石块竖缝相互错开应不少于石块宽度的1/2。料石基础立面组砌形式宜采用一顺一丁，即一皮顺石与一皮丁石相间。

④阶梯形料石基础，上阶的料石至广泛压砌下阶料石的1/3，如图5-106所示。

⑤料石基础的水平灰缝厚度和竖向灰缝宽度不宜大于20 mm。灰缝中砂浆应饱满。

⑥料石基础宜先砌转角处或交接处，再依准线砌中间部分，临时间断处应砌成斜槎。

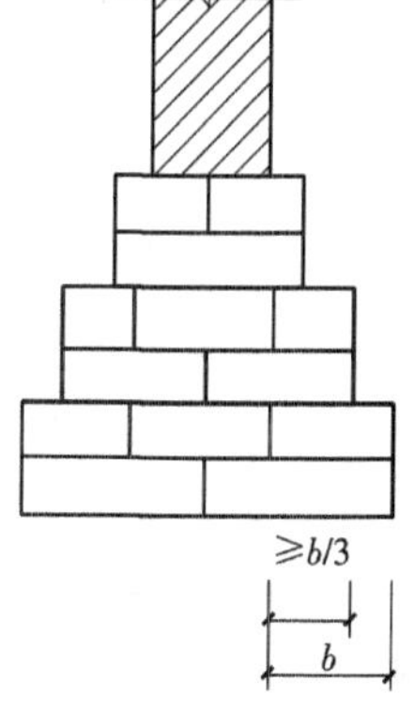

图5-106 阶梯形料石基础

（5）质量标准。

①一般规定。选用的石材必须符合设计要求，其材质必须质地坚实，无风化剥落和裂纹。料石表面的泥垢、水锈等杂质，砌筑前应清除干净。料石基础砌体的灰缝厚度不宜大于20 mm。砂浆初凝后，如移动已砌筑的石块，应将原砂浆清理干净，重新铺浆砌筑。砌筑料石基础的第一皮石块应采用丁砌层坐浆砌筑。

②主控项目。

a. 石材和砂浆的强度等级必须符合设计要求。

抽检数量：同一产地的石材至少应抽检一组。

检验方法：料石检查产品质量证明书，石材、砂浆检查试块试验报告。

b. 砌体砂浆必须饱满密实，砂浆饱满度不应小于80%。

抽检数量：每步架抽查不应少于1处。

检验方法：观察检查。

c. 料石基础的轴线位置及垂直度允许偏差应符合表5-9的规定。

抽检数量：外墙基础，每 20 m 抽查 1 处，每处 3 延长米，不应少于 3 处；内墙基础，按有代表性的自然间抽查 10%，但不少于 3 间，每间不应少于 2 处。

表 5-9　料石基础的轴线位置及垂直度允许偏差

项次	项目		允许偏差/mm		检验方法
			毛料石	粗料石	
1	轴线位置		20	15	用经纬仪和尺检查，或用其他测量仪器检查
2	墙面垂直度	每层	—	—	用经纬仪、吊线和尺检查或用其他测量仪器检查
		全高	—	—	

③一般项目。

a. 料石基础的一般尺寸允许偏差应符合表 5-10 的规定。

表 5-10　料石基础的一般尺寸允许偏差

项次	项目	允许偏差/mm		检验方法
		毛料石	粗料石	
1	基础顶面标高	±25	±15	用水准仪和尺检查
2	砌体厚度	+30	+15	用尺检查

注：砌完基础后，砌体轴线和标高偏差应在基础顶面进行校正。

抽检数量：同上述②中 c. 的有关抽检数量的规定。

b. 料石基础的组砌形式应符合下列规定：

内外搭砌，上下错缝，拉结石、丁砌石交错设置。

抽检数量：外墙基础，每 20 m 抽查 1 处，每处 3 延长米，不应少于 3 处；内墙基础，按有代表性的自然间抽查 10%，但不少于 3 间。

检验方法：观察检查。

3. 料石墙的组砌形式

料石墙的砌筑形式有以下几种，如图 5-107 所示。

(1) 全顺叠砌。每皮均为顺砌石，上下皮竖缝相互错开1/2石长。此种砌筑形式适合于墙厚等于石宽时。

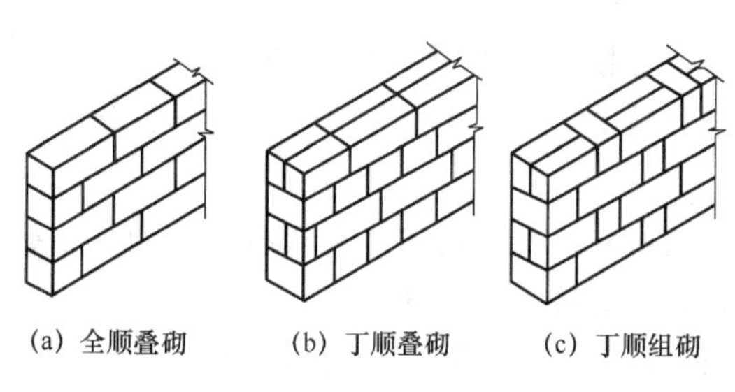

图 5-107　料石墙砌筑形式

（2）丁顺叠砌。一皮顺砌石与一皮丁砌石相隔砌成，上下皮顺石与丁石间竖缝相互错开 1/2 石宽，这种砌筑形式适合于墙厚等于石长时。

（3）丁顺组砌。同皮内每 1～3 块顺石与一块顶石相间砌成，上皮丁石座中于下皮顺石，上下皮竖缝相互错开至少 1/2 石宽，丁石中距不超过 2 m。这种砌筑形式适合于墙厚等于或大于两块料石宽度时。

料石还可以与毛石或砖砌成组合墙。料石与毛石的组合墙，料石在外，毛石在里；料石与砖的组合墙，料石在里，砖在外，也可料石在外，砖在里。

4. 砌筑准备

（1）基础通过验收，土方回填完毕，并办完隐检手续。

（2）在基础丁面放好墙身中线与边线及门窗洞口位置线，测出水平标高，立好皮数杆。皮数杆间距以不大于 15 m 为宜，在料石墙体的转角处和交接处均应设置皮数杆。

（3）砌筑前，应将基础顶面的泥土、杂物等清除干净，并浇水湿润。

（4）拉线检查基础顶面标高是否符合设计要求。如第一皮水平灰缝厚度超过 20 mm 时，应用细石混凝土找平，不得用砂浆或在砂浆中掺碎砖或碎石代替。

（5）常温施工时，砌石前 1 d 应将料石浇水湿润。

（6）操作用脚手架、斜道以及水平、垂直防护设施已准备妥当。

5. 砌筑要点

（1）料石砌筑前，应在基础丁面上放出墙身中线和边线及门窗洞口位置线，并抄平，立皮数杆，拉准线。

（2）料石砌筑前，必须按照组砌图将料石试排妥当后，才能开始砌筑。

（3）料石墙应双面拉线砌筑，全顺叠砌单面挂线砌筑。先砌转角处和交接处，后砌中间部分。

（4）料石墙的第一皮及每个楼层的最上一皮应丁砌。

（5）料石墙采用铺浆法砌筑，料石灰缝厚度：毛料石和粗料石墙砌体不宜大于 20 mm，细料石墙砌体不宜大于 5 mm。砂浆铺设厚度略高于规定灰缝厚度，其高出厚度：细料石为 3～5 mm，毛料石、粗料石宜为 6～8 mm。

（6）砌筑时，应先将料石里口落下，再慢慢移动就位，校正垂直与水平。在料石砌块校正到正确位置后，顺石面将挤出的砂浆清除，然后向竖缝中灌浆。

（7）在料石和砖的组合墙中，料石墙和砖墙应同时砌筑，并每隔 2～3 皮料石用丁砌石与砖墙拉结砌合，丁砌石的长度宜与组合墙厚度相等，如图5-108 所示。

料石丁砌层
砖
料石

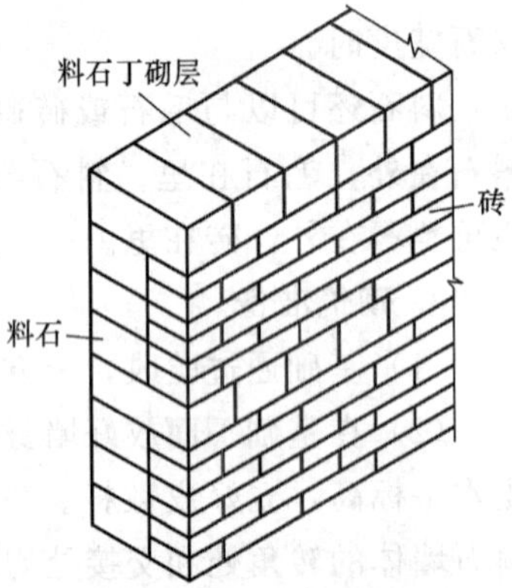

图 5-108 料石和砖组合墙

（8）料石墙宜从转角处或交接处开始砌筑，再依准线砌中间部分，临时间断处应砌成斜槎，斜槎长度应不小于斜槎高度。料石墙每日砌筑高度宜不超过 1.2 m。

6. 墙面勾缝

（1）石墙勾缝形式有平缝、凹缝、凸缝，凹缝又分为平凹缝、半圆凹缝，凸缝又分为平凸缝、半圆凸缝、三角凸缝，如图 5-109 所示。一般料石墙面多采用平缝或平凹缝。

（2）料石墙面勾缝前要先剔缝，将灰缝凹入 20～30 mm。墙面用水喷洒湿润，不整齐处应修整。

（3）料石墙面勾缝应采用加浆勾缝，并宜采用细砂拌制

1：1.5水泥砂浆，也可采用水泥石灰砂浆或掺入麻刀（纸筋）的青灰浆。有防渗要求的，可用防水胶泥材料进行勾缝。

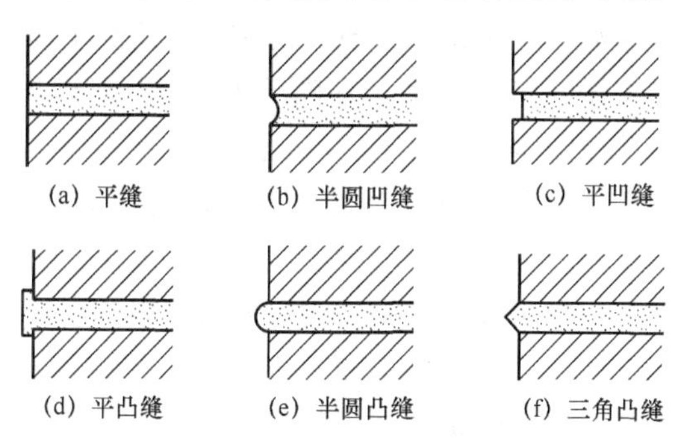

图 5-109　石墙勾缝形式

（4）勾平缝时，用小抿子在托灰板上刮灰，塞进石缝中严密压实，表面压光。勾缝应顺石缝进行，缝与石面齐平，勾完一段后，用小抿子将缝边毛槎修理整齐。

（5）勾平凸缝（半圆凸缝或三角凸缝）时，先用1：2水泥砂浆抹平，待砂浆凝固后，再抹一层砂浆，用小抿子压实、压光，等砂浆收水后，用专用工具捋成10～25 mm宽窄一致的凸缝。

（6）石墙面勾缝按下列程序进行。

①拆除墙面或柱面上临时装设的电缆、挂钩等物。

②清除墙面或柱面上黏结的砂浆、泥浆、杂物和污渍等。

③剔缝，即将灰缝刮深20～30 mm，不整齐处加以修整。

④用水喷洒墙面或柱面使其湿润，随后进行勾缝。

（7）料石墙面勾缝应从上向下、从一端向另一端依次进行。

（8）料石墙面勾缝缝路顺石缝进行，且均匀一致，深浅、厚度相同，搭接平整通顺。阳角勾缝两角方正，阴角勾缝不能上下直通。严禁出现丢缝、开裂或黏结不牢等现象。

（9）勾缝完毕，清扫墙面或柱面，表面洒水养护，防止干裂和脱落。

7. 质量标准

（1）一般规定。

①选用的石材必须符合设计要求，其材质必须质地坚实，无风化、剥落和裂纹。用于清水墙、柱表面的石材，色泽应均匀。

料石表面的泥垢、水锈等杂质，砌筑前应清除干净。

②料石墙砌体的灰缝厚度：毛料石和粗料石墙砌体不宜大于 20 mm，细料石墙砌体不宜大于 5 mm。

砂浆初凝后，如移动已砌筑的石块，应将原砂浆清理干净，重新铺浆砌筑。

③料石墙上不得留设临时施工洞口和脚手眼。

④料石挡土墙，当中间部分用毛石砌时，丁砌料石伸入毛石部分的长度不应小于 200 mm。

⑤挡土墙的泄水孔当无设计规定时，施工应符合下列规定。

a. 泄水孔应均匀设置，在每米高度上间隔 2 m 左右设置一个泄水孔。

b. 泄水孔与土体间铺设长宽各为 300 mm、厚 200 mm 的卵石或碎石作疏水层。

⑥挡土墙内侧回填土必须分层夯填，分层松土厚度应为 300 mm。墙顶土面应有适当坡度，使流水流向挡土墙外侧面。

（2）主控项目。

①石材和砂浆的强度等级必须符合设计要求。抽检数量：同一产地的石材至少应抽检一组。

检验方法：料石检查产品质量证明书，石材、砂浆检查试块试验报告。

②砌体砂浆必须饱满密实，砂浆饱满度不应小于 80%。抽检数量：每步架抽查不应少于 1 处。

检验方法：观察检查。

③料石墙体的轴线位置及垂直度允许偏差应符合表 5-11 的规定。

表 5-11 料石墙体的轴线位置及垂直度允许偏差 （单位：mm）

项次	项目		允许偏差			检验方法
			毛料石	粗料石	细料石	
			墙	墙	墙、柱	
1	轴线位置		15	10	10	用经纬仪和尺检查，或用其他测量仪器检查
2	墙面垂直度	每层	20	10	7	用经纬仪、吊线和尺检查，或用其他测量仪器检查
		全高	30	25	20	

抽检数量：外墙，按楼层（或 4 m 高以内）每 20 m 抽查 1 处，每处 3 延长米，但不应少于 3 处；内墙，按有代表性的自然间抽查 10%，但不少于 3 间，每间不应少于 2 处。柱子不应少于 5 根。

（3）一般项目。

①料石墙体的一般尺寸允许偏差应符合表 5-12 的规定。

表 5-12 料石墙体的一般尺寸允许偏差 （单位：mm）

项次	项目		允许偏差			检验方法
			毛料石	粗料石	细料石	
			墙	墙	墙、柱	
1	墙体顶面标高		±15	±15	±10	用水准仪和尺检查
2	砌体厚度		+20 −10	+10 −5	+10 −5	用尺检查
3	表面平整度	清水墙柱	20	10	5	细料石用 2 m 靠尺和楔形塞尺检查，其他用两直尺垂直于灰缝拉 2 m 线和直尺检查
		混水墙柱	20	15	—	
4	清水墙水平灰缝平直度		—	10	5	拉 10 m 线和尺检查

注：砌完每一楼层后，砌体轴线和标高偏差应在楼面进行校正。

抽检数量：外墙，按楼层（或 4 m 高以内）每 20 m 抽查 1 处，每处 3 延长米，但不应少于 3 处；内墙，按有代表性的自然间抽查 10%，但不少于 3 间，每间不应少于 2 处。柱子不应少于 5 根。

②料石墙体的组砌形式应内外搭砌，上下错缝，拉结石、丁砌石交错设置。

抽检数量：外墙，按楼层（或 4 m 高以内）每 20 m 抽查 1 处，每处 3 延长米，但不应少于 3 处；内墙，按有代表性的自然间抽查 10%，但不少于 3 间。

检验方法：观察检查。

二、毛石砌体砌筑

1. 毛石基础构造

毛石分为乱毛石和平毛石两种。乱毛石是指形状不规则的石块；平毛石是指形状不规则，但有两个子面大致平行的石块。毛石应呈块状，其中部厚度不宜小于 150 mm，如图 5-110 所示。

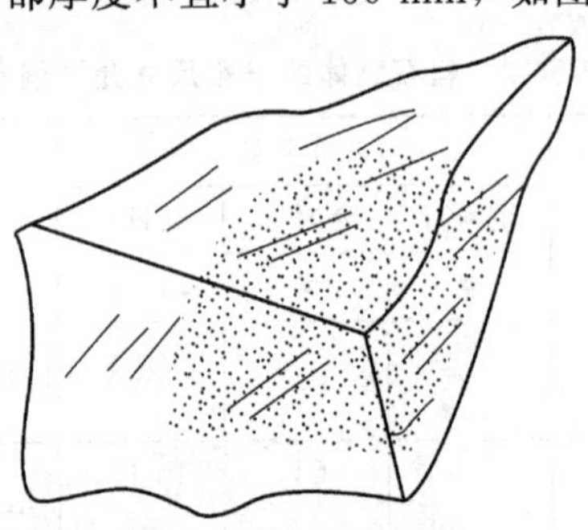

图 5-110 毛石外形

毛石的强度等级分为 MU100、MU80、MU60、MU50、MU40、MU30 和 MU20。其强度等级是以 70 mm 边长的立方体试块的抗压强度表示的（取三块试块的平均值）。

（1）毛石。其品种、规格、颜色必须符合设计要求和有关施工规范的规定，应有出厂合格证和抽样检测报告。

（2）砂。宜用粗、中砂，用 5 mm 孔径筛过筛；配制小于 M5 的砂浆，砂的含泥量不得超过 10%；配制等于或大于 M5 的砂浆，砂的含泥量不得超过5%，不得含有草根等杂物。

(3) 水泥。一般采用32.5级或42.5级普通硅酸盐水泥或矿渣硅酸盐水泥，有出厂证明和复试单。如出厂日期超过3个月，应按复验结果使用。

(4) 水。应用自来水或不含有害物质的洁净水。

(5) 其他材料。拉结筋、预埋件应做防腐处理；石灰膏的熟化时间不得少于7 d。

毛石基础按其断面形状有矩形、梯形和阶梯形等。基础顶面宽度应比墙基底面宽度大200 mm；基础底面宽度依设计计算而定。梯形基础坡角应大于60°。阶梯形基础每阶高不小于300 mm，每阶挑出宽度不大于200 mm，如图5-111所示。

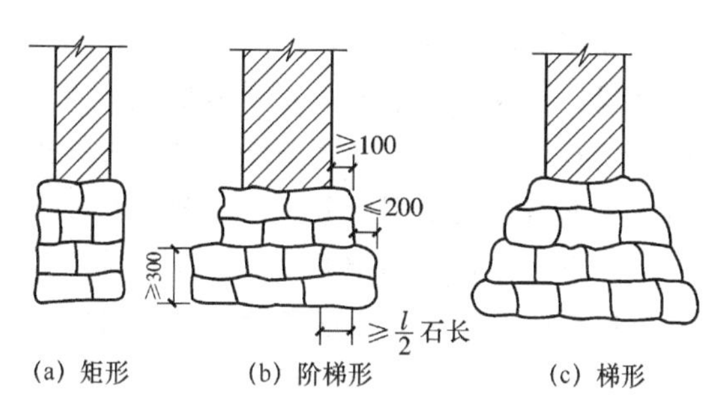

图5-111 毛石基础

2. 毛石基础立线杆和拉准线

在基槽两端的转角处，每端各立两根木杆，再横钉一木杆连接，在立杆上标出各放大脚的标高。在横杆上钉上中心线钉及基础边线钉，根据基础宽度拉好立线，如图5-112所示。然后在边线和阴阳角(内、外角)处先砌两层较方整的石块，以此固定准线。砌阶梯形毛石基础时，应将横杆上的立线按各阶梯宽度向中间移动，移到退台所需要的宽度，再拉水平准线。还有一种拉线方法是砌矩形或梯形断面的基础时，按照设计尺寸用50 mm×50 mm的小

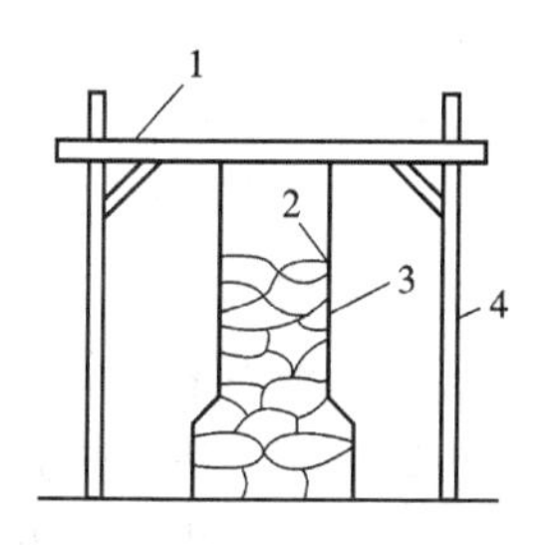

图5-112 挂立线杆

1—横杆；2—准线；3—立线；4—立杆

木条钉成基础断面形状（称样架），立于基槽两端，在样架上注明标高，两端样架相应标高用准线连接作为砌筑的依据。立线控制基础宽窄，水平线控制每层高度及平整。砌筑时应采用双面挂线，每次起线高度大放脚以800 mm为宜。

3. 毛石砌筑要点

（1）砌筑第一皮毛石时，应选用有较大平面的石块，先在基坑底铺设砂浆，再将毛石砌上，并使毛石的大面向下。

（2）砌筑第一皮毛石时，应分皮卧砌，并应上下错缝，内外搭砌，不得采用先砌外面石块后中间填心的砌筑方法。石块间较大的空隙应先填塞砂浆，后用碎石嵌实，不得采用先摆碎石后塞砂浆或干填碎石的方法。

（3）砌筑第二皮及以上各皮时，应采用坐浆法分层卧砌，砌石时首先铺好砂浆，砂浆不必铺满，可随砌随铺，在角石和面石处，坐浆略厚些，石块砌上去将砂浆挤压成要求的灰缝厚度。

（4）砌石时搬取石块应根据空隙大小、槎口形状选用合适的石料先试砌试摆一下，尽量使缝隙减少，接触紧密。但石块之间不能直接接触形成干研缝，同时也应避免石块之间形成空隙。

（5）砌石时，大、中、小毛石应搭配使用，以免将大块都砌在一侧，而另一侧全用小块，造成两侧不均匀，使墙面不平衡而倾斜。

（6）砌石时，先砌里外两面，长短搭砌，后填砌中间部分，但不允许将石块侧立砌成立斗石，也不允许先把里外皮砌成长向两行（牛槽状）。

（7）毛石基础每 0.7 m^2且每皮毛石内间距不大于 2 m 设置一块拉结石，上下两皮拉结石的位置应错开，立面砌成梅花形。

拉结石宽度：如基础宽度等于或小于 400 mm，拉结石宽度应与基础宽度相等；如基础宽度大于 400 mm，可用两块拉结石内外搭接，搭接长度不应小于 150 mm，且其中一块长度不应小于基础宽度的 2/3。

（8）阶梯形毛石基础，上阶的石块应至少压砌下阶石块的 1/2，如图 5-113 所示；相邻阶梯毛石应相互错缝搭接。

（9）毛石基础最上一皮，宜选用较大的平毛石砌筑。转角处、交接处和洞口处应选用较大的平毛石砌筑。

（10）有高低台的毛石基础，应从低处砌起，并由高台向低台搭接，搭接长度不小于基础高度。

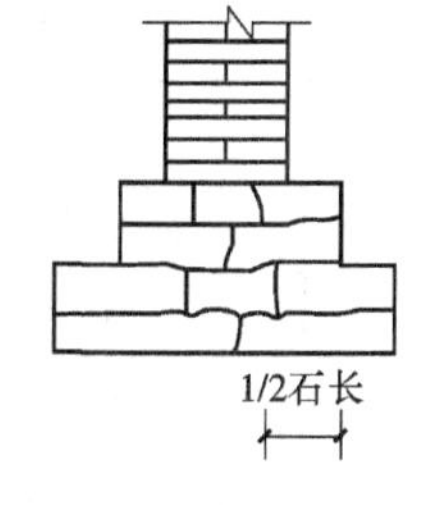

图 5-113　阶梯形毛石基础砌法

（11）毛石基础转角处和交接处应同时砌起，如不能同时砌起又必须留槎时，应留成斜槎，斜槎长度应不小于斜槎高度，斜槎面上毛石不应找平，继续砌时应将斜槎面清理干净，浇水湿润。

4. 毛石砌体质量标准

（1）一般规定。

①毛石基础的灰缝厚度不宜大于 20 mm。

②砂浆初凝后，如移动已砌筑的石块，应将原砂浆清理干净，重新铺浆砌筑。

③砌筑毛石基础的第一皮石块应坐浆，并将大面向下。

④毛石基础的第一皮及转角处、交接处和洞口处，应用较大的平毛石砌筑；基础的最上一皮，宜用较大的毛石砌筑。

（2）主控项目。

①石材及砂浆强度等级必须符合设计要求，检查石材试验报告。

②砂浆饱满度不应小于 80%。观察检查，每步架不少于 1 处。

③石砌体的轴线位置允许偏差应符合表 5-13 的要求。

表 5-13　毛石基础轴线位置允许偏差　（单位：mm）

项　目	允许偏差	检验方法
轴线偏差	20	用经纬仪和尺检查，或用其他测量仪器检查

（3）一般项目。

①毛石砌体的一般尺寸允许偏差应符合表 5-14 的要求。

表 5-14 毛石砌体的一般尺寸允许偏差 （单位：mm）

项次	项　目	允许偏差	检验方法
1	基础顶面标高	±25	用水准仪和尺检查
2	砌体厚度	+30	用尺检查

②石砌体的组砌形式应符合下列规定：内外搭砌，上下错缝，拉结石、丁砌石交错设置。

③毛石墙拉结石每 0.7 m^2 墙面不应少于 1 块。

5. 毛石墙砌筑准备

砌筑毛石墙应根据基础的中心线放出墙身里外边线，挂线分皮卧砌，每皮高 250～350 mm。砌筑方法应采用铺浆法。用较大的平毛石，先砌转角处、交接处和门洞处，再向中间砌筑。砌前应先试摆，使石料大小搭配，大面平放，外露表面要平齐，斜口朝内，逐块卧砌坐浆，使砂浆饱满。石块间较大的空隙应先填塞砂浆，后用碎石嵌实。灰缝宽度一般控制在20～30 mm，铺灰厚度 40～50 mm。

6. 毛石墙砌筑要点

(1) 砌筑时，石块上下皮应互相错缝，内外交错搭砌，避免出现重缝、空缝和孔洞，同时应注意合理摆放石块，不应出现图 5-114 所示的砌石类型，以免砌体承重后发生错位、劈裂、外鼓等现象。

(2) 上下皮毛石应相互错缝，内外搭砌，石块间较大的空隙应先填塞砂浆，后用碎石嵌实。严禁先填塞小石块后灌浆的做法。墙体中间不得有铁锹口石（尖石倾斜向外的石块）、斧刃石和过桥石（仅在两端搭砌的石块），如图 5-115 所示。

(3) 毛石墙必须设置拉结石，拉结石应均匀分布，相互错开，一般每 0.7 m^2 墙面至少设一块，且同皮内的中距不大于2 m。墙厚等于或小于 400 mm 时，拉结石长度等于墙厚；墙厚大于 400 mm 时，可用两块拉结石内外搭砌，搭接长度不小于 150 mm，且其中一块长度不小于墙厚的 2/3。

(4) 在毛石与实心砖的组合墙中，毛石墙与砖墙应同时砌筑，并每隔 4～6 皮砖用 2～3 皮砖与毛石墙拉结砌合，两种墙体

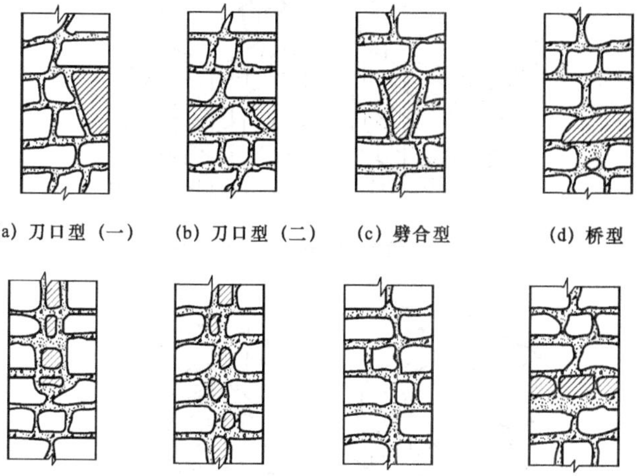

(a) 刀口型（一） (b) 刀口型（二） (c) 劈合型 (d) 桥型

(e) 马槽型 (f) 夹心型 (g) 对合型 (h) 分层型

图 5-114 错误的砌石类型

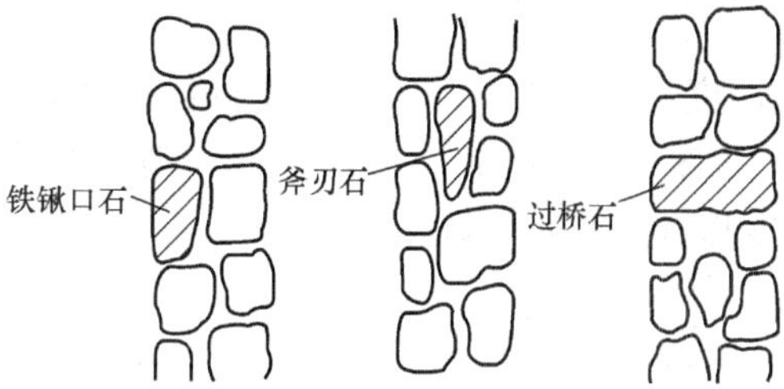

铁锹口石 斧刃石 过桥石

图 5-115 铁锹口石、斧刃石、过桥石示意

间的空隙应用砂浆填满，如图 5-116 所示。

(5) 毛石墙与砖墙相接的转角处和交接处应同时砌筑。在转角处，应自纵墙（或横墙）每隔 4～6 皮砖高度引出不小于 120 mm 的阳槎与横墙相接，如图 5-117 所示。在丁字交接处，应自纵墙每墙 4～6 皮砖高度引出不小于 120 mm 与横墙相接，如图 5-118 所示。

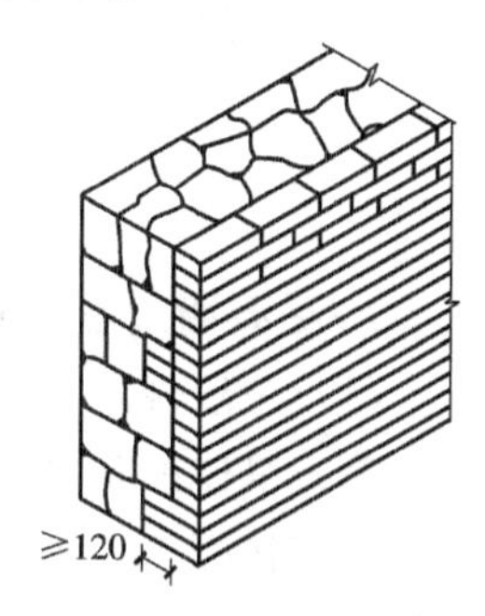

图 5-116 毛石与砖组合墙

(6) 砌毛石挡土墙，每砌 3～4 皮为一个分层高度，每个分层高度应找平一次。

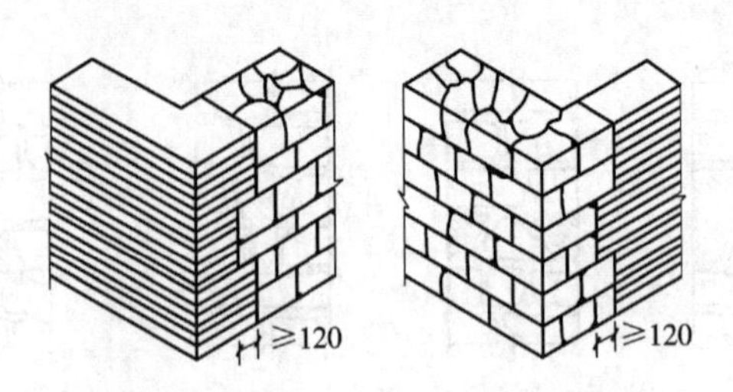

图 5-117 转角处毛石墙与砖墙相接

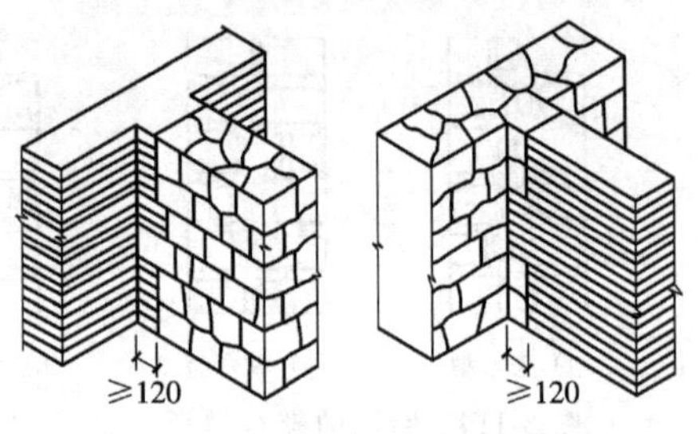

图 5-118 丁字交接处毛石墙与砖墙相接

外露面的灰缝厚度不得大于 40 mm，两个分层高度间的错缝不得小于 80 mm，如图 5-119 所示。毛石墙每日砌筑高度不应超过 1.2 m。毛石墙临时间断处应砌成斜槎。

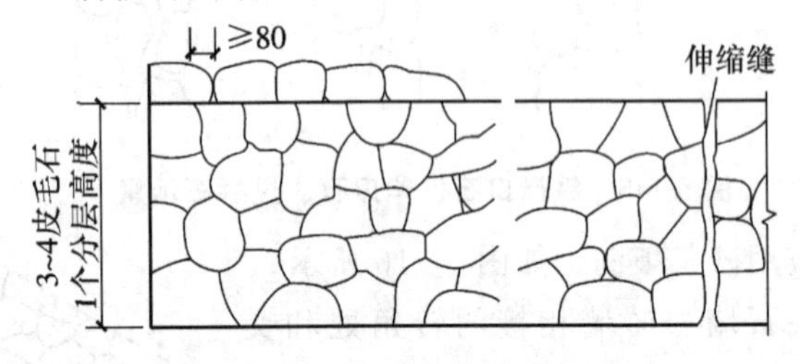

图 5-119 毛石挡土墙

7. 毛石墙质量标准

(1) 一般规定。

毛石墙体的灰缝厚度不宜大于 20 mm。

砂浆初凝后，如移动已砌筑的石块，应将原砂浆清理干净，重新铺浆。

毛石砌体的第一皮及转角处、交接处和洞口处，应用较大的平毛石砌筑。每个楼层（包括基础）砌体的最上一皮，宜选用较大的毛石砌筑。

(2) 主控项目。

毛石及砂浆强度等级必须符合设计要求。

砂浆饱满度不应小于80%。

毛石墙体的轴线位置及垂直度允许偏差应符合表5-15的规定。

表5-15 毛石墙体的轴线位置及垂直度允许偏差

<table>
<tr><th>项次</th><th colspan="2">项　目</th><th>允许偏差/mm</th><th>检验方法</th></tr>
<tr><td>1</td><td colspan="2">轴线位置</td><td>15</td><td>用经纬仪和尺检查，或用其他测量仪器检查</td></tr>
<tr><td rowspan="2">2</td><td rowspan="2">端面垂直度</td><td>每层</td><td>20</td><td rowspan="2">用经纬仪、吊线和尺检查，或用其他测量仪器检查</td></tr>
<tr><td>全高</td><td>30</td></tr>
</table>

(3) 一般项目。

毛石墙体的一般尺寸允许偏差应符合表5-16的规定。

表5-16 毛石墙体的一般尺寸允许偏差

项次	项　目	允许偏差/mm	检验方法
1	毛石墙体顶面标高	±15	用经纬仪和尺检查，或用其他测量仪器检查
2	墙体厚度	+20、-10	用尺检查
3	墙、柱表面垂直度	20	用经纬仪、吊线和尺检查，或用其他测量仪器检查

毛石墙体的组砌形式应符合下列规定：内外搭砌，上下错缝，拉结石交错设置。毛石墙拉结石每0.7 m^2墙面不应少于1块。

检查数量：外墙，按楼层（4 m高以内）每20 m抽查1处，每处3延长米，但不应少于3处；内墙，按有代表性的自然间抽查10%，但不应少于3间。

检验方法：观察检查。

》》第四节　配筋砌体构件施工技术《《

一、网状配筋砌筑构件

1. 配筋方式

(1) 网状配筋轴心受压构件，从加荷至破坏与无筋砌体轴心受压构件类似，可分为三个阶段。

第一阶段，从开始加荷至第一条（批）单砖出现裂缝为受力的第一阶段。试件在轴向压力作用下，纵向发生压缩变形的同时，横向发生拉伸变形，网状钢筋受拉。由于钢筋的弹性量远大于砌体的弹性模量，故能约束砌体的横向变形，同时网状钢筋的存在，改善了单砖在砌体中的受力状态，从而推迟了第一条（批）单砖裂缝的出现。

第二阶段，随着荷载的增大，裂缝数量增多，但由于网状钢筋的约束作用，裂缝发展缓慢，并且不沿试件纵向形成贯通连续裂缝。此阶段的受力特点与无筋砌体有明显的不同。

第三阶段，当荷载加至极限荷载时，在网状钢筋之间的砌体中，裂缝多而细，个别砖被压碎而脱落，宣告试件破坏。

网状配筋砖砌体在继续加荷载的过程中，裂缝发展很缓慢且裂缝多而细，很少出现贯通的裂缝。当接近极限荷载时，不像无筋砌体那样分裂成若干小立柱，而是个别砖被压碎脱落。

(2) 网状配筋砖砌体构件的构造要求应符合下列规定：

①网状配筋砖砌体中的体积配筋率不应小于0.1%，并不应大于1%。

②采用钢筋网时，钢筋的直径宜采用3～4 mm；当采用连弯钢筋网时，钢筋的直径不应大于8 mm。

③钢筋网中钢筋的间距不应大于120 mm，并不应小于30 mm。

④钢筋网的间距不应大于五皮砖，并不应大于400 mm。

⑤网状配筋砖砌体所用的砂浆强度等级不应低于M7.5；钢筋网应设置在砌体的水平灰缝中，灰缝厚度应保证钢筋上下至少

各有 2 mm 厚的砂浆层。

2. 砌筑配筋砖

(1) 网状配筋砖砌体构件的特点。网状配筋砌体主要通过灰缝内钢筋网的摩擦力和黏结力，与砌体共同工作，使砖砌体的横向变形得到约束，而间接地提高砌体的抗压强度。但网状配筋却不能提高砌体的横向抗弯能力。对网状配筋砖墙，其网状配筋还可提高墙体的抗剪能力及抗裂能力，其具有以下优点：

砌体中配置横向钢筋能约束砂浆和砖的横向变形，延缓砖块的开裂及其裂缝的发展，提高砌体的初裂荷载，阻止竖向裂缝的上下贯通，从而可避免砖砌体被分裂或若干小柱导致的失稳破坏。

网片间的小段无筋砌体在一定程度上处于三向受力状态，因而能较大程度地提高承载力，且可使砖的抗压强度得到充分发挥。

网状配筋对提高轴心和小偏心受压能力效果较好。

(2) 网状配筋砖砌体施工。钢筋网应按设计规定制作成形。

砖砌体部分用常规方法砌筑。在配置钢筋网的水平灰缝中，应先铺一半厚的砂浆层，放入钢筋网后再铺一半厚砂浆层，使钢筋网居于砂浆层厚度中间。钢筋网四周应有砂浆保护层。

配置钢筋网的水平灰缝厚度：当用方格网时，水平灰缝厚度为 2 倍钢筋直径加 4 mm；当用连弯网时，水平灰缝厚度为钢筋直径加 4 mm。确保钢筋上下各有 2 mm 厚的砂浆保护层。

网状配筋砖砌体外表面宜用 1∶1 的水泥砂浆勾缝或进行抹灰。

二、组合砖砌体的构件和配筋砌块砌体构件

1. 组合砖砌体的构件要求

(1) 面层混凝土强度等级宜采用 C20。面层水泥砂浆不宜低于 M10。砌筑砂浆不宜低于 M7.5。

(2) 受力筋保护层厚度不应小于表 5-17 的规定。受力钢筋距砖砌体表面的距离，也不应小于 5 mm。

表 5-17 保护层厚度 （单位：mm）

序号	构件类别	环境条件	
		室内正常环境	露天或室内潮湿环境
1	墙	15	25
2	柱	25	35

注：当面层为水泥砂浆时，对于柱，保护层厚度可减少 5 mm。

（3）采用砂浆面层的组合砖砌体，砂浆面层的厚度可采用 30～45 mm。当面层厚度大于 45 mm 时，宜采用混凝土。

（4）竖向受力钢筋宜采用 HPB300 级钢筋，对于混凝土面层，亦可采用 HRB335 级钢筋。受压钢筋的配筋率，一侧不宜小于 0.1%（砂浆面层）或 0.2%（混凝土面层）。受拉钢筋配筋率不应小于 0.1%。竖向受力钢筋直径不应小于 8 mm，钢筋的净间距不应小于 30 mm。

（5）箍筋的直径不宜小于 4 mm 及 0.2 倍的受压钢筋直径，也不宜大于 6 mm。箍筋间距不应大于 20 倍受压钢筋的直径及 500 mm，也不应小于 120 mm。

（6）当组合砖砌体构件一侧的受力钢筋多于 4 根时，应设置附加箍筋或拉结钢筋。对截面长短边相差较大的构件（如墙体等），应采用穿通墙体的拉结钢筋作为箍筋，同时设置水平分布钢筋。水平分布钢筋的竖向间距及拉结钢筋的水平间距均不应大于 500 mm，如图 5-120 所示。

（7）组合砖砌体构件的顶部及底部，以及牛腿部位，必须设置钢筋混凝土垫块。受力筋伸入垫块的长度，必须满足锚固要求，即不应小于 30 倍钢筋直径。

（8）组合砌体可采用毛石基础或砖基础。在组合砌体与毛石（砖）基础之间须做一现浇钢筋混凝土垫块，如图 5-121 所示，垫块厚度一般为 200～400 mm，纵向钢筋伸入垫块的锚固长度不应小于 30 d（d 为纵筋直径）。

（9）纵向钢筋的搭接长度、搭接处的箍筋间距等，应符合现行《混凝土结构设计规范》（GB 50010—2010）的要求。

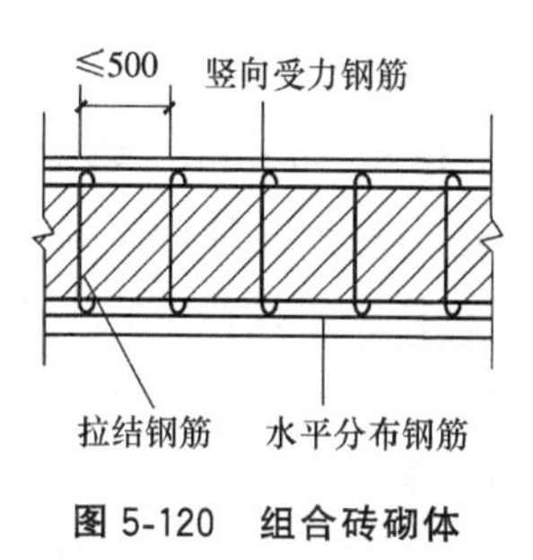

图 5-120 组合砖砌体构件的配筋

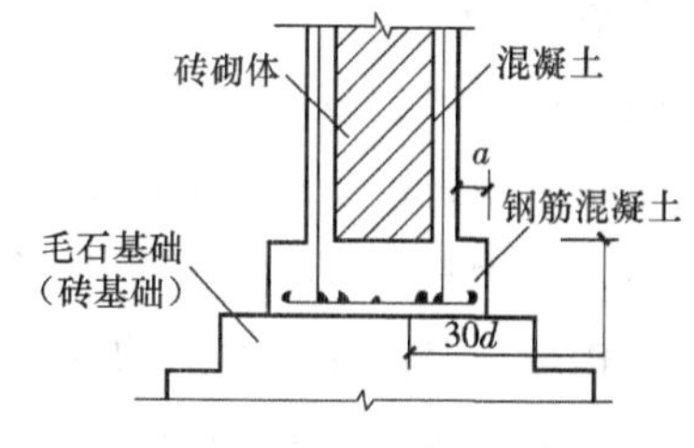

图 5-121 组合砌体毛石（砖）基础构造示意

（10）采用组合砖柱时，一般砖墙与柱应同时砌筑，所以外墙可考虑兼作柱间支撑。在排架分析中，排架柱按矩形截面计算。柱内一般采用对称配筋，箍筋一般采用两支箍或四支箍。砖墙基础一般为自承重条形基础，根据地基情况，可在基础顶及墙内适当位置设置钢筋混凝土圈梁。

（11）组合砖柱施工时，在基础顶面的钢筋混凝土达到一定强度后，方可在垫块上砌筑砖砌体，并把箍筋同时砌入砖砌体内，当砖砌体砌至 1.2 m 高左右，随即绑扎钢筋，浇筑混凝土并捣实。在第一层混凝土浇捣完毕后，再按上述步骤砌筑第二层砌体至1.2 m 高，再绑扎钢筋，浇捣混凝土。依次循环，直至需要的高度。此外，也可将砖砌体一次砌至需要的高度，然后绑扎钢筋，分段浇灌混凝土。柱的外侧采用活动升降模板，模板用四个螺栓固定，如图 5-122 所示。

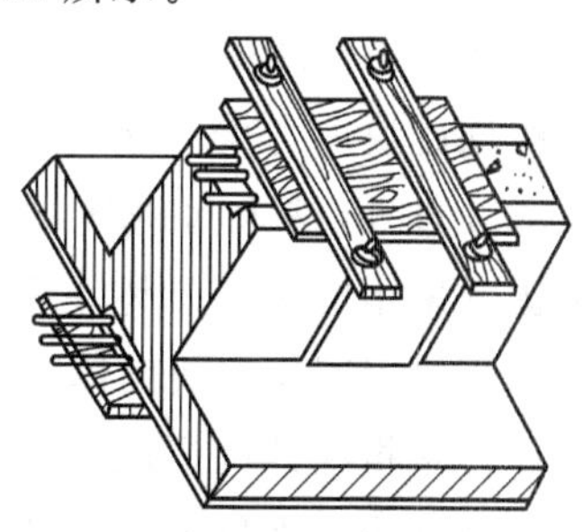

图 5-122 组合砖柱的施工

2. 砖砌体和钢筋混凝土构造柱组合墙的构造要求

（1）砂浆的强度等级不应低于 M5，构造柱的混凝土强度等

级不宜低于C20。

(2) 构造柱的截面尺寸不宜小于240 mm×240 mm，其厚度不应小于墙厚，边柱、角柱的截面宽度宜适当加大。柱内竖向受力钢筋，对于中柱，不宜少于4ϕ12；对于边柱、角柱，不宜少于4ϕ14。构造柱竖向受力钢筋的直径不宜大于16 mm。其箍筋，一般部位宜采用ϕ6@200，楼层上下500 mm范围内宜采用ϕ6@100。构造柱的竖向受力钢筋应在基础梁和楼层圈梁中锚固，并应符合受拉钢筋的锚固要求。

(3) 组合砖墙砌体结构房屋，应在纵横墙相接处、墙端部和较大洞口的洞边设置构造柱，其间距不宜大于4 m。各层洞口宜设置在相应位置，并宜上下对齐。

(4) 组合砖墙砌体结构房屋应在基础顶面、有组合墙的楼层处设置现浇钢筋混凝土圈梁。圈梁的截面高度不宜小于240 mm；纵向钢筋不宜小于4ϕ12，纵向钢筋应伸入构造柱内，并应符合受拉钢筋的锚固要求；圈梁的箍筋宜采用ϕ6@200。

(5) 砖砌体与构造柱的连接处应砌成马牙槎，并应沿墙高每隔500 mm设2ϕ6拉结钢筋，且每边伸入墙内不宜小于600 mm。

3. 配筋砌体构造

为了提高砌体的强度或当构件截面尺寸受到限制时，可在砌体内配置适量的钢筋，这就是配筋砌体。

利用普通混凝土小型空心砌块的竖向孔洞配以竖向和水平钢筋，浇灌混凝土形成配筋砌块剪力墙，建造中、高层房屋，这是配筋砌体的又一种形式，现已纳入《砌体结构设计规范》(GB 50003—2011)。目前国内采用的配筋砌体主要有三种：横向配筋砖砌体、组合砖砌体和配筋混凝土砌块砌体。

(1) 横向配筋砖砌体是指在砖砌体的水平灰缝内配置钢筋网片或水平钢筋的砌体。这种构件在轴向压力作用下，构件的横向变形受到约束，因而提高了构件的抗压承载力，同时也提高了构件的变形能力。在砖墙中配置水平钢筋，还可以提高墙体的抗剪承载力。

（2）组合砖砌体是在砌体外侧预留的竖向凹槽内配置纵向钢筋，浇灌混凝土而制成组合砖砌体，可分为外包式组合砖砌体和内嵌式组合砖砌体两种。

外包式组合砖砌体是在砖砌体墙或柱外侧配置一定厚度的钢筋混凝土面层或钢筋砂浆面层，以提高砌体的抗压、抗弯和抗剪能力。

内嵌式组合砖砌体常用的形式是砖砌体和钢筋混凝土构造柱组合墙。这种墙体施工必须先砌墙，后浇筑钢筋混凝土构造柱。砌体与构造柱连接面应按构造要求砌成马牙槎，以保证二者的共同工作性能。

组合砖砌体具有以下的构造要求：砖的强度等级不宜低于MU10，砌筑砂浆的强度等级不得低于M5。面层混凝土强度等级一般采用C15或C20。面层水泥砂浆强度等级不得低于M7.5。砂浆面层厚度可采用30～45 mm。当面层厚度大于45 mm时，其面层宜采用混凝土。受力钢筋直径不应小于8 mm，钢筋净间距不应小于30 mm。

（3）配筋混凝土砌块砌体是在混凝土小型空心砌块砌体的水平灰缝配置水平钢筋和在孔洞内配置竖向钢筋，并用灌孔混凝土灌实的一种砌体。这种砌体采用混凝土小型空心砌块砌筑砂浆砌筑，在砌体的水平灰缝或凹槽砌块内放置水平钢筋，在其竖向孔洞内插入竖向钢筋，最后在设置钢筋处采用混凝土小型空心砌块灌孔混凝土灌实。配筋混凝土砌块砌体具有良好的静力和抗震性能，是多层和高层砌体结构的重要承重材料。

配筋砌块砌体施工前，应按设计要求，将所配置钢筋加工成型，堆置于配筋部位附近。砌块的砌筑应与钢筋设置互相配合。砌块的砌筑应采用专用的小砌块砌筑砂浆和专用的小砌块灌孔混凝土。

4. 配筋砌块砌体构件

钢筋的设置应注意以下几点：

（1）钢筋的接头。钢筋直径大于22 mm时宜采用机械连接接

头，其他直径的钢筋可采用搭接接头，并应符合下列要求：

①钢筋的接头位置宜设置在受力较小处。

②受拉钢筋的搭接接头长度不应小于 $1.1l_a$，受压钢筋的搭接接头长度不应小于 $0.7l_a$（l_a为钢筋锚固长度），但不应小于 300 mm。

③当相邻接头钢筋的间距不大于 75 mm 时，其搭接长度应为 $1.2l_a$，当钢筋间的接头错开 20 d 时（d 为钢筋直径），搭接长度可不增加。

（2）水平受力钢筋（网片）的锚固和搭接长度。在凹槽砌块混凝土带中，钢筋的锚固长度不宜小于 30 d，且其水平或垂直弯折段的长度不宜小于 15 d 和 200 mm，钢筋的搭接长度不宜小于 35 d。

在砌体水平灰缝中，钢筋的锚固长度不宜小于 50 d，且其水平或垂直弯折段的长度不宜小于 20 d 和 150 mm，钢筋的搭接长度不宜小于 55 d。

在隔皮或错缝搭接的灰缝中为 $50d+2h$（d 为灰缝受力钢筋直径，h 为水平灰缝的间距）。

（3）钢筋的最小保护层厚度。灰缝中钢筋外露砂浆保护层不宜小于 15 mm。

位于砌块孔槽中的钢筋保护层，在室内正常环境不宜小于 20 mm，在室外或潮湿环境中不宜小于 30 mm。

对安全等级为一级或设计使用年限大于 50 年的配筋砌体，钢筋保护层厚度应比上述规定至少增加 5 mm。

（4）钢筋的弯钩。钢筋骨架中的受力光面钢筋，应在钢筋末端做弯钩（弯钩应为 180°），在焊接骨架、焊接网以及受压构件中，可不做弯钩；绑扎骨架中的受力变形钢筋，在钢筋的末端可不做弯钩，弯钩应为 180°。

（5）钢筋的间距。两平行钢筋间的净距不应小于 25 mm。

柱和壁柱中竖向钢筋间的净距不宜小于 40 mm（包括接头处钢筋间的净距）。

第五节　圈梁、墙梁施工技术

一、圈梁施工技术

1. 圈梁的作用

（1）由于圈梁的约束作用，使楼盖与纵横墙构成整体的箱形结构，防止预制楼板散开和砌体墙处平面倒塌，以充分发挥各面墙体的抗震能力。

（2）可以加强纵横墙的连接，增强房屋的整体性。

（3）限制墙体斜裂缝的开展和延伸，使墙体裂缝仅在两道圈梁之间的墙段内发生，斜裂缝的水平夹角减小，砖墙抗剪强度得以更充分的发挥和提高。

（4）作为楼盖的边缘构件，对装配式楼盖在水平面内进行约束，提高楼板的水平刚度，保证楼盖起整体横隔板的作用，以传递并分配层间地震剪力。

（5）可以减轻地震时地基不均匀沉陷与地表裂缝对房屋的影响，特别是屋盖处和基础顶面处的圈梁，具有提高房屋的竖向刚度和抗御不均匀沉陷的能力。

（6）圈梁与钢筋混凝土构造柱或芯柱一起对墙体产生约束作用，增强房屋的整体性。由于圈梁的约束，预制板散落及墙体处平面倒塌的危险性大大减少。圈梁能使纵横墙体保持如箱形结构的整体性，有效地抵抗来自任何方向的水平地震作用。

2. 圈梁的一般要求

（1）为增强房屋的整体刚度，防止由于地基的不均匀沉降或较大振动荷载等对房屋引起的不利影响，可按规定在墙中设置现浇钢筋混凝土圈梁。不允许采用钢筋砖圈梁和预制钢筋混凝土圈梁。

（2）建筑在软弱地基或不均匀地基上的砌体房屋，除按本节规定设置圈梁外，还应符合国家现行《建筑地基基础设计规范》（GB 50007—2011）的有关规定。

（3）按抗震设计的砌体房屋的圈梁设置，还应符合国家现行

《建筑抗震设计规范》(GB 50011—2010) 的要求以及相关规定。

3. 圈梁的设置要求

(1) 装配式钢筋混凝土楼、屋盖或木楼、屋盖的砖房，横墙承重时应按表 5-18 的要求设置圈梁。

表 5-18 砖房现浇钢筋混凝土圈梁设置要求

序号	项 目	抗震设防烈度		
		6 度、7 度	8 度	9 度
1	外墙和内纵墙	屋盖处及每层楼盖处	屋盖处及每层楼盖处	屋盖处及每层楼盖处
2	内横墙	屋盖处及每层楼盖处；屋盖处间距不应大于 4.5 m；楼盖处间距不应大于 7.2 m；构造柱对应部位	屋盖处及每层楼盖处；各层所有横墙，且间距不应大于 4.5 m；构造柱对应部位	屋盖处及每层楼盖处；各层所有横墙

(2) 纵墙承重时每层均应设置圈梁。

(3) 现浇或装配整体式钢筋混凝土楼、屋盖与墙体有可靠连接的房屋，应允许不另设圈梁，但楼板沿墙体周边应加强配筋并与相应的构造柱钢筋可靠连接。

(4) 圈梁宜与预制板设在同一标高处或紧靠板底，如图5-123 (a)、(b)、(c) 所示。

(5) 圈梁应闭合，遇有洞口圈梁应上下搭接，如图 5-123 (d)、(e) 所示。

(6) 钢筋混凝土圈梁的截面高度不应小于 120 mm，当地基为软弱土层或严重不均匀时，应增设基础圈梁，截面高度应不小于 180 mm，配筋应不少于 4ϕ12。

(7) 圈梁在表 5-19 要求的间距内无横墙时，应利用梁或板缝中配筋替代圈梁。

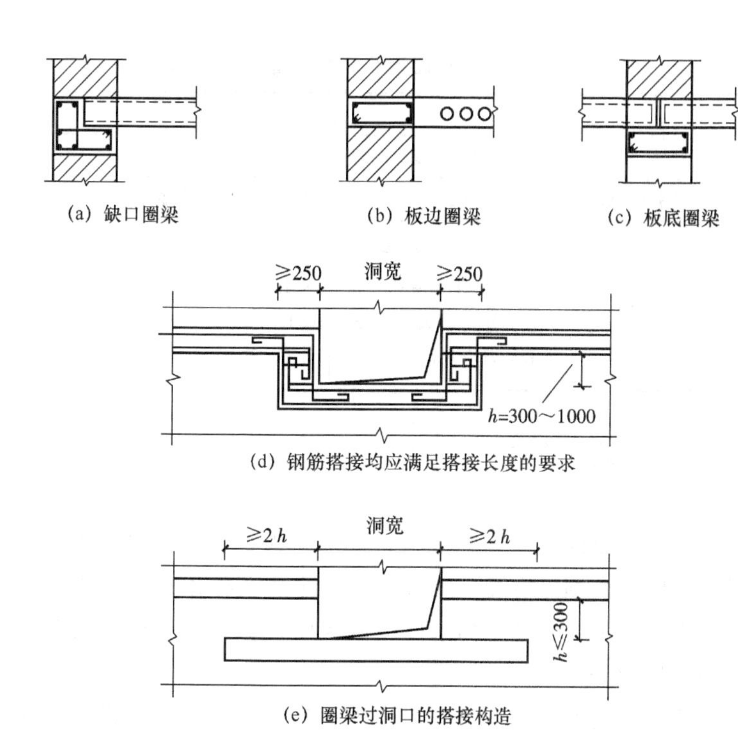

图 5-123 圈梁的构造

表 5-19 圈梁配筋要求

序号	配 筋	抗震设防烈度		
		6 度、7 度	8 度	9 度
1	最小纵筋	4ϕ10	4ϕ12	4ϕ14
2	最大箍筋间距/mm	250	200	150

(8) 多层砌块房屋均应按表 5-20 设置现浇钢筋混凝土圈梁，圈梁宽度不小于 190 mm，配筋应不小于 4ϕ12，箍筋间距不应大于 200 mm。

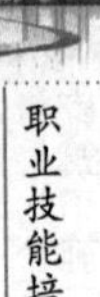

表 5-20　多层砌块房屋钢筋混凝土圈梁设置要求

序号	墙类	烈　度	
		6 度、7 度	8 度
1	外墙和内纵墙	屋盖处及每层楼盖处	屋盖处及每层楼盖处
2	内横墙	屋盖处及每层楼盖处；屋盖处沿所有横墙；楼盖处间距应不大于 7 m；构造柱对应部位	屋盖处及每层楼盖处；各层所有横墙

二、墙梁施工技术

1. 墙梁洞口构造

（1）无洞口墙梁。无洞口墙梁在竖向均布荷载作用下的弯曲与托梁、墙体的刚度有关，托梁的刚度愈大，作用于托梁跨中的竖向应力也愈大；当托梁的刚度无限大时，作用在托梁上的竖向应力则为均匀分布。

当托梁刚度不大时，由于墙体内存在的拱作用，墙梁顶面的均布荷载主要沿主压应力轨迹线逐渐向支座传递，随着靠近托梁，水平截面上的竖向应力由均匀分布变成向两端集中的非均匀分布，托梁承受的弯矩将减小。

无洞口墙梁，如图 5-124（a）所示。

（2）有洞口墙梁。孔洞对称于跨中的开洞墙梁，由于孔洞处于低应力区，不影响墙梁的受力拱作用，因此其受力性能如无洞口墙梁那样，为拉杆拱组合受力机构，其破坏形态也类似于无洞口墙梁的破坏形态。

对于偏开洞墙梁，洞口偏于墙体的一侧，由于偏开洞的干扰，其受力更加复杂，墙体内形成一个大拱套一个小拱，托梁既作为拉杆，又作为小拱的弹性支座而承受较大的弯矩，因而托梁处于大偏心受拉状态，墙梁为梁—拱组合受力机构。

（3）有洞口墙梁如图 5-124（b）所示。

2. 墙梁一般规定

（1）托梁的混凝土强度等级不应低于 C30。

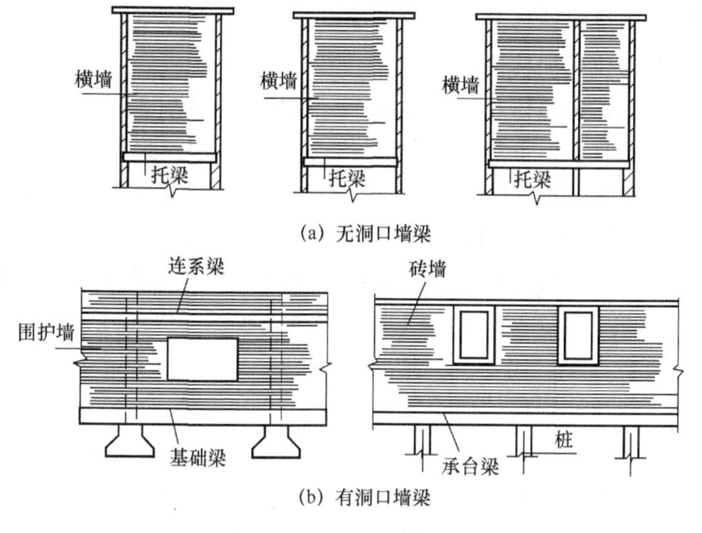

图 5-124 墙梁按有无洞口分类

(2) 纵向钢筋应采用 HRB400 或 RRB400 级钢筋；箍筋宜采用 HPB300、HRB400 级钢筋。

(3) 承重墙梁的块体强度等级不应低于 MU10，计算高度范围内墙体的砂浆强度等级不应低于 M10；其余墙体和自承重墙梁墙体砂浆强度等级不应低于 M5。

(4) 设置框支墙梁的砌体房屋，以及设有承重的简支或连续墙梁的房屋，应满足刚性方案房屋的要求。

(5) 当墙梁的跨度较大或荷载较大时，宜采用框支墙梁。

3. 墙体要求

(1) 墙梁计算高度范围内的墙体厚度对砖砌体不应小于 240 mm，对混凝土小型砌块砌体不应小于 190 mm。

(2) 墙梁洞口上方应设置混凝土过梁，其支承长度不应小于 240 mm，洞口范围内不应施加集中荷载。

(3) 承重墙梁的支座处应设置落地翼墙，翼墙厚度对砖砌体不应小于 240 mm，对混凝土砌块砌体不应小于 190 mm，翼墙宽度不应小于墙梁墙体厚度的 3 倍，并与墙梁墙体同时砌筑。当不能设置翼墙时，应设置落地且上、下贯通的构造柱。

(4) 当墙梁墙体的受剪或局部受压承载力不满足时，可采用网状配筋砌体或加构造柱等。

(5) 当墙梁墙体在靠近支座 1/3 跨度范围内开洞时，支座处应设置落地且上、下贯通的构造柱，并应与每层圈梁连接。

(6) 墙梁计算高度范围内的墙体，每天砌筑高度不应超过 1.5 m，否则，应加设临时支撑。

(7) 承重墙梁的托梁如现浇时，必须在混凝土达到设计强度等级的 75%，梁上砌体达到比设计强度等级低一级的强度时，方可拆除模板支撑。

(8) 通过墙梁墙体的施工临时通道的洞口宜开在跨中 1/3 范围内，其高度不应大于层高的 5/6，并预留水平拉结钢筋。

(9) 冬期施工时，托梁下应设置临时支撑，在墙梁计算高度范围内的墙体强度达到设计强度的 75%以前，不得拆除。

4. 托梁

(1) 设置墙梁房屋的托梁两边各一个开间，相邻开间处应采用现浇混凝土楼盖，楼板厚度不应小于 120 mm。当楼板厚度大于 150 mm 时，应采用双层双向钢筋网，楼板上应少开洞，洞口尺寸大于 800 mm 时应设洞边梁。

(2) 托梁每跨底部的纵向受力钢筋应通长设置，不得在跨中段弯起或截断。钢筋接长应采用机械连接或焊接。

(3) 墙梁的托梁跨中截面纵向受力钢筋总配筋率不应小于 0.6%。

(4) 托梁距边支座 1/4 范围内，上部纵向钢筋面积不应小于跨中下部纵向钢筋面积的 1/3。连续墙梁或多跨框支墙梁的托梁中支座上部附加纵向钢筋从支座边算起每边延伸不少于 1/4。

(5) 承重墙梁托梁在砌体墙、柱上的支承长度不应小于 350 mm。纵向受力钢筋伸入支座应符合受拉钢筋的锚固要求。

(6) 当托梁高度 $h_b \geqslant 500$ mm 时，应沿梁高设置通长水平腰筋；直径不应小于 12 mm，间距不应大于 200 mm。

(7) 墙梁偏开洞口的宽度及两侧各一个梁高 h_b 范围内直径至靠近洞口的支座边的托梁箍筋直径不应小于 8 mm，间距不应大于 100 mm，如图 5-125 所示。

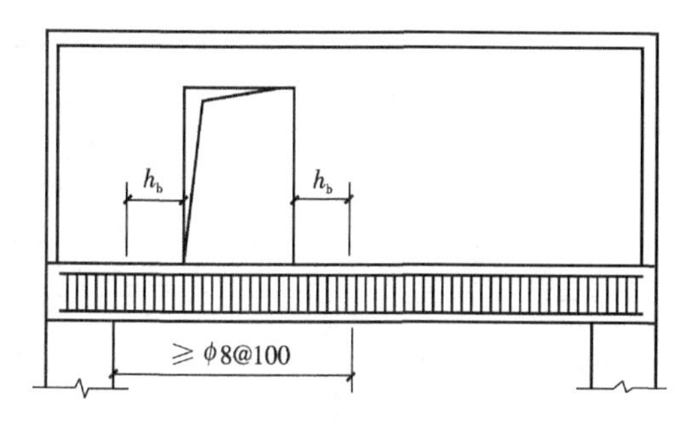

图 5-125 偏开洞时托梁箍筋加密区

第六节 混合结构房屋砌筑施工技术

一、混合结构房屋墙体拉结措施

1. 后砌填充墙、隔墙拉结

后砌填充墙、隔墙的拉结如图 5-126 所示。

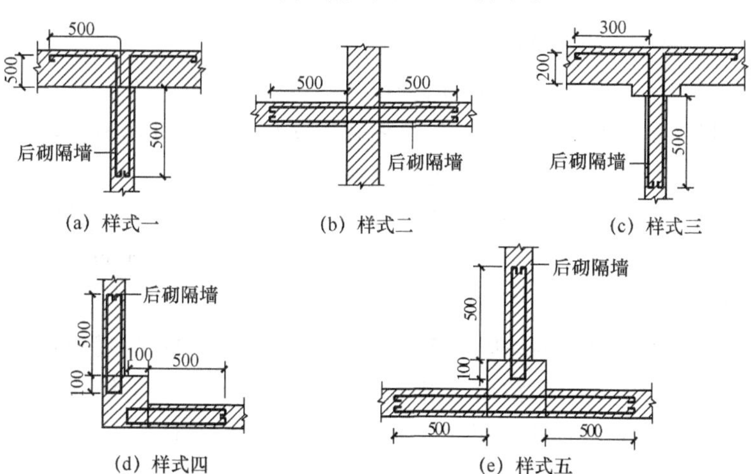

图 5-126 后砌填充墙、隔墙的拉结

2. 预制板拉结

预制板的拉结如图 5-127 所示。

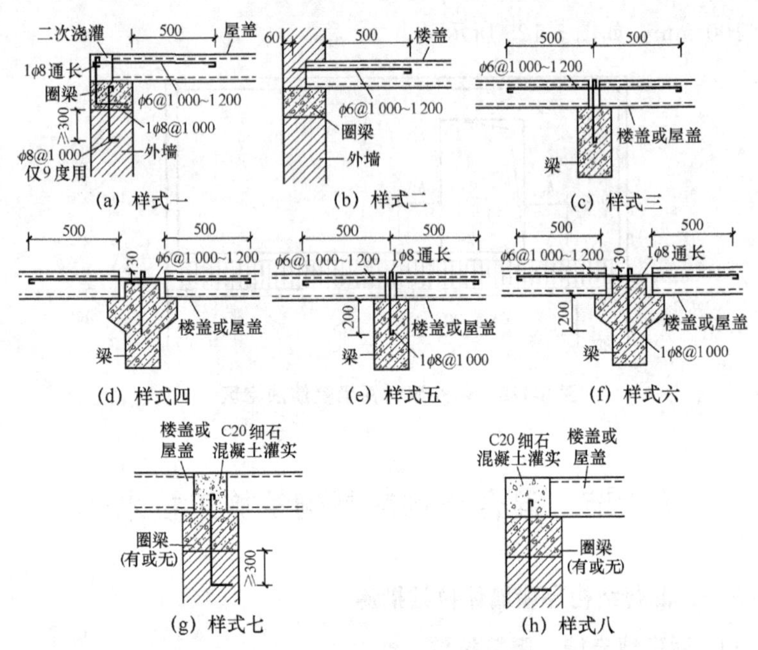

图 5-127 预制板的拉结

3. 砌体结构强体间拉结

（1）同一结构单元内横墙错位数量不宜超过横墙总数的1/3，且连续错位不宜多于两道；错位的墙体交接处应增设构造柱，且楼、屋面板应采用现浇钢筋混凝土板。

（2）横墙和内纵墙上洞口的宽度不宜大于 1.5 m；外纵墙上洞口的宽度不宜大于 2.1 m 或开间尺寸的一半；且内外墙上洞口位置不应影响内外纵墙与横墙的整体连接。

（3）所有纵横墙均应在楼、屋盖标高处设置加强的现浇钢筋混凝土圈梁；圈梁的截面高度不宜小于 150 mm，上下纵筋各不应少于 3/10，箍筋不小于 $\phi6$，间距不大于 300 mm。

（4）房屋底层和顶层的窗台标高处，宜设置沿纵横墙通长的水平现浇钢筋混凝土带；其截面高度不小于 60 mm，宽度不小于 240 mm，纵向钢筋不少于 $3\phi6$。

4. 横墙的加强措施

（1）当未设置构造柱时，对于地震设防烈度为 7 度且层高超过 3.6 m 或长度大于 7.2 m 的开间较大的房间外墙转角及内、外墙交接处，以及对于地震设防烈度为 8 度、9 度的房屋外墙转角及内、外墙交接处，均应沿墙高每隔 500 mm 配置 2ϕ6 拉结钢筋，并伸入墙内不宜小于 1 m，如图 5-128（a）所示。

（2）后砌的非承重隔墙应沿墙高每隔 500 mm 配置 2ϕ6 拉结钢筋与承重墙或柱连接，每边伸入墙内不小于 500 mm。当设防烈度为 8 度、9 度时，长度大于 5 m 的后砌非承重砌体隔墙的墙顶还应与楼板或梁拉结，如图 5-128（b）所示。

（3）8 度和 9 度时，顶层楼梯间和外墙宜沿墙高每隔500 mm 设 2ϕ6 通长钢筋，9 度时其他各层楼梯间可在休息平台或楼层半高处设置 600 mm 厚的配筋砂浆带，砂浆强度等级不宜低于 M5，钢筋不宜少于 2ϕ10。

（4）突出屋顶的楼、电梯间的内外墙交接处，应沿墙高每隔 500 mm 设 2ϕ6 拉结钢筋，且每边伸入墙内不应小于 1 m。

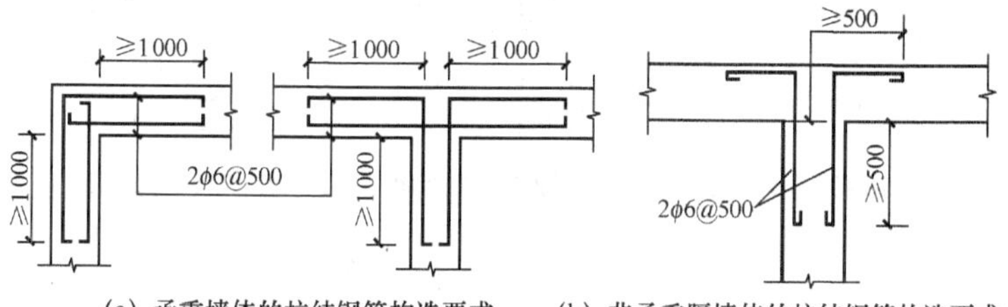

（a）承重墙体的拉结钢筋构造要求　（b）非承重隔墙体的拉结钢筋构造要求

图 5-128　横墙的加强措施示意

二、混合结构房屋墙体连接措施

1. 墙与钢筋混凝土预制板连接

墙与钢筋混凝土预制板的连接如图 5-129 所示。

2. 砌体墙搁置在钢筋混凝土板上的加固措施

砌体墙搁置在钢筋混凝土板上的加固措施，如图 5-130 所示。

3. 墙体与构件的连接

（1）墙体与屋架的连接如图 5-131 所示。

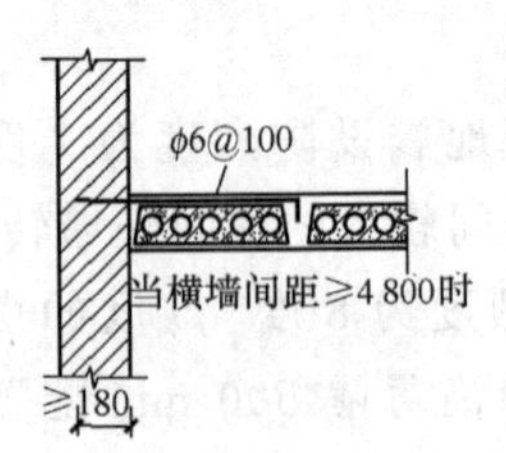

(a) 设板侧拉结筋

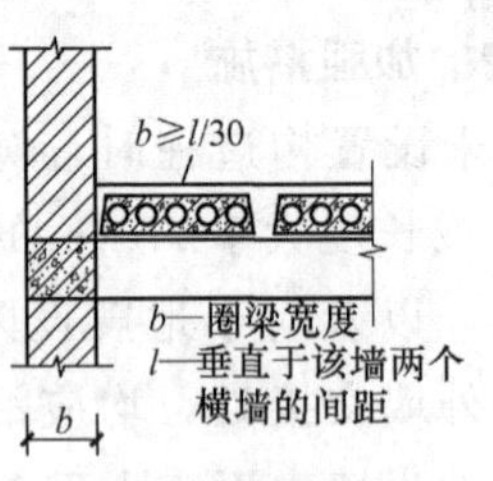

(b) 设现浇圈梁

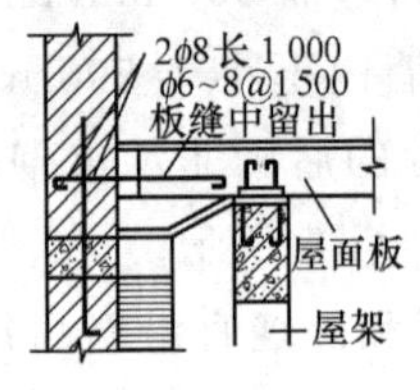

(c) 加板缝拉结筋（一）

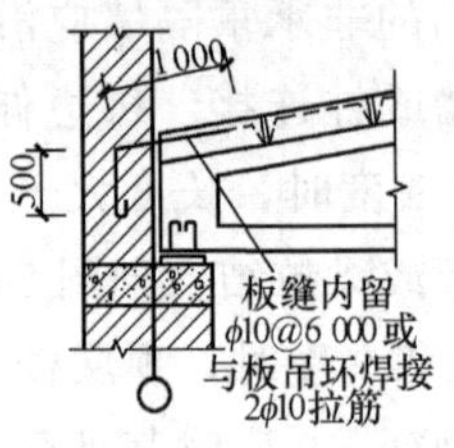

(d) 加板缝拉结筋（二）

图 5-129　墙与钢筋混凝土板连接示意

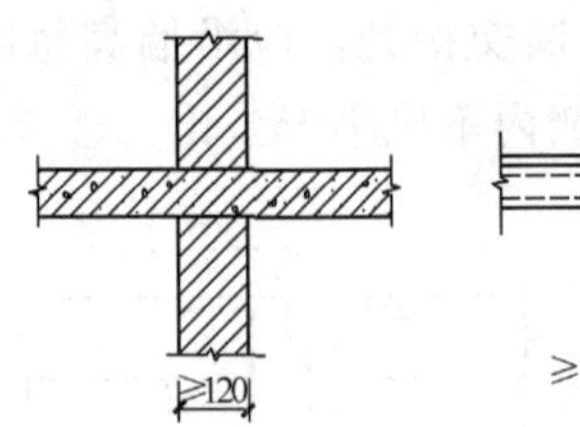

(a) 直接搁置在现浇板上

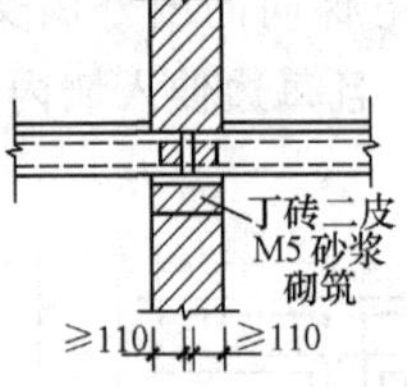

(b) 直接搁置在预制板上

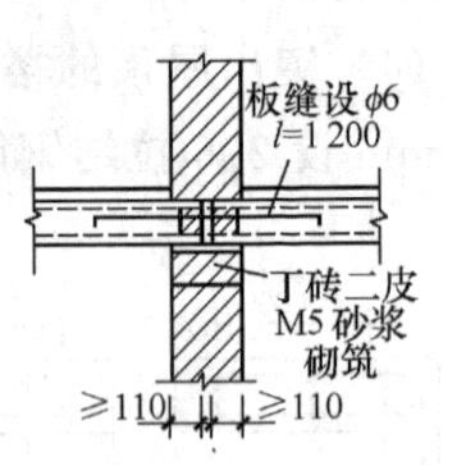

(c) 板间加拉结筋

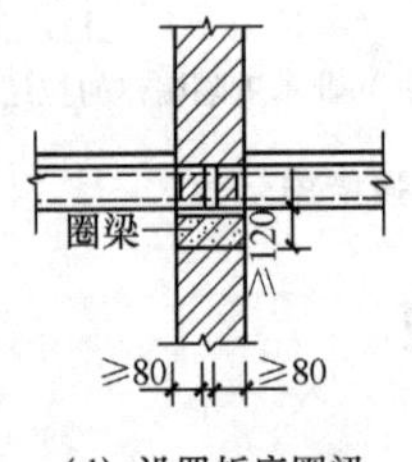

(d) 设置板底圈梁

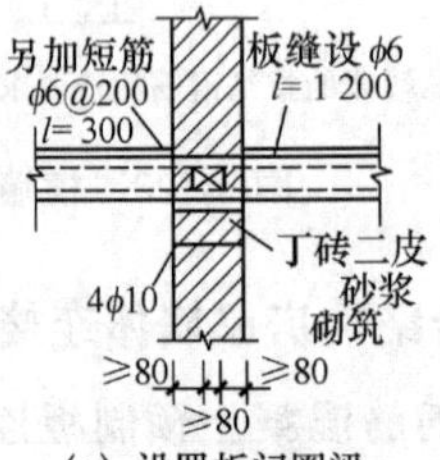

(e) 设置板间圈梁

图 5-130　砌体墙搁置在钢筋混凝土板上的加固措施

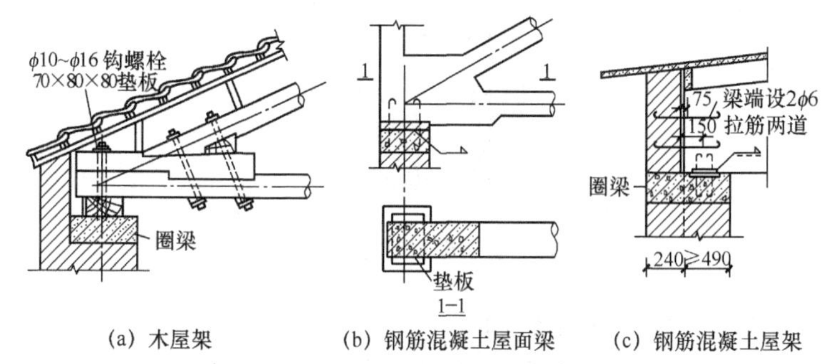

(a) 木屋架　(b) 钢筋混凝土屋面梁　(c) 钢筋混凝土屋架

图 5-131　墙体与屋架的连接

(2) 墙体与檩条的连接如图 5-132 所示。

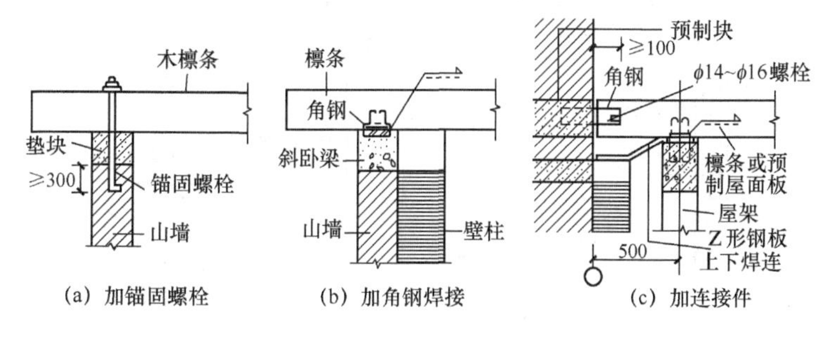

(a) 加锚固螺栓　(b) 加角钢焊接　(c) 加连接件

图 5-132　墙体与檩条的连接

(3) 墙上搁置钢筋混凝土梁的做法如图 5-133 所示。

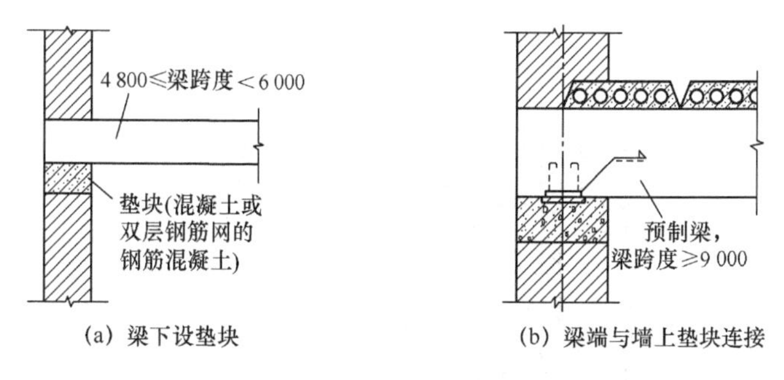

(a) 梁下设垫块　(b) 梁端与墙上垫块连接

图 5-133　墙上搁置钢筋混凝土梁

(4) 墙上设有起重机的连接如图 5-134 所示。

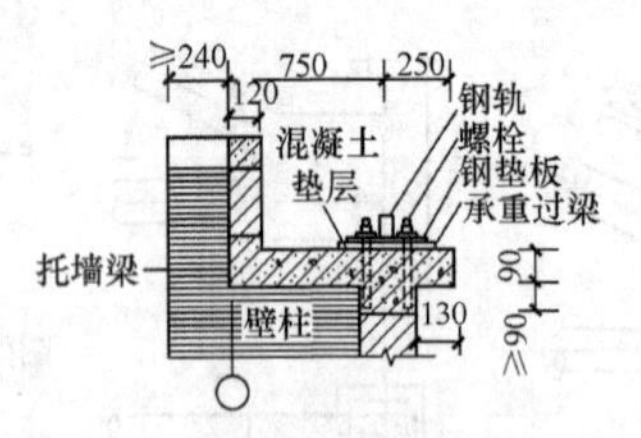

图 5-134　墙上设有起重机的连接

4. 构造柱与 L 形墙的连接

（1）L 形墙。构造柱与 L 形墙的连接如图 5-135 所示。

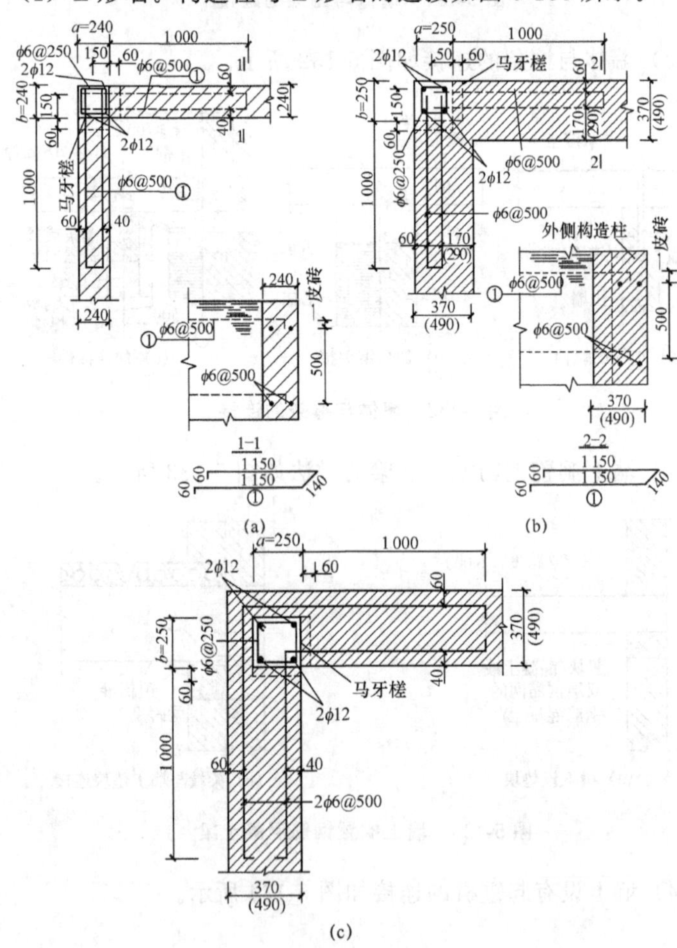

图 5-135　构造柱与 L 形墙的连接

（2）T 形墙。构造柱与 T 形墙的连接如图 5-136 所示。

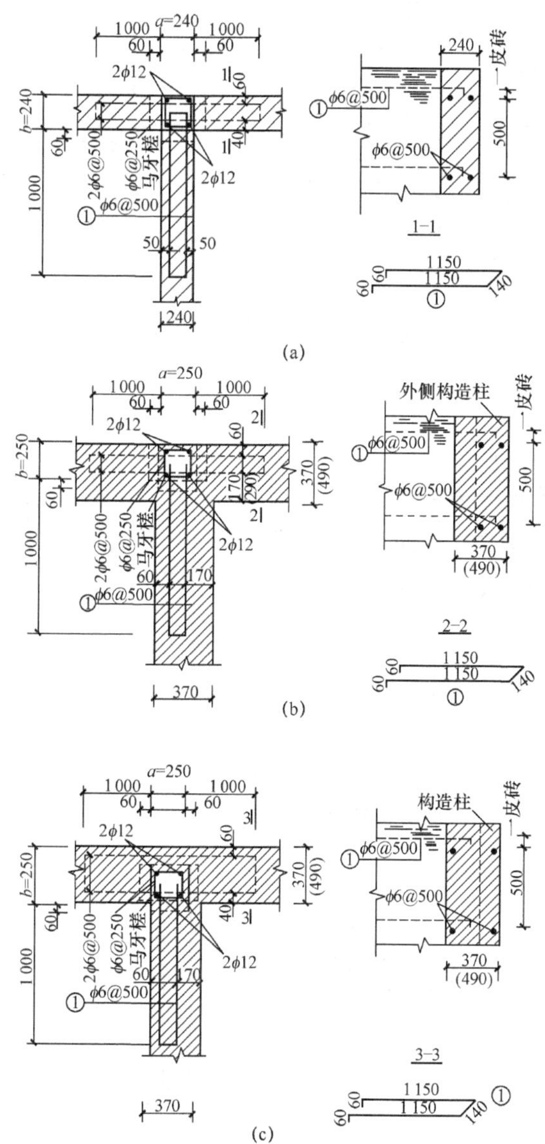

图 5-136　构造柱与 T 形墙的连接

5. 构造柱与十字形墙的连接

构造柱与十字形墙的连接如图 5-137 所示。

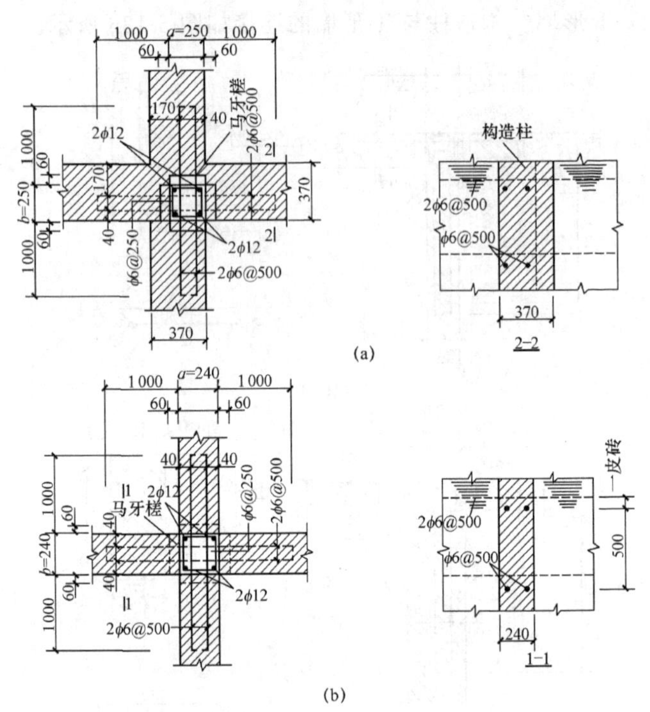

图 5-137　构造柱与十字形墙的连接

6. 楼梯间墙体构造

（1）楼梯间横墙和外墙设置通长钢筋如图 5-138 所示。

（2）楼梯间墙体设置配筋砂浆带如图 5-139 所示。

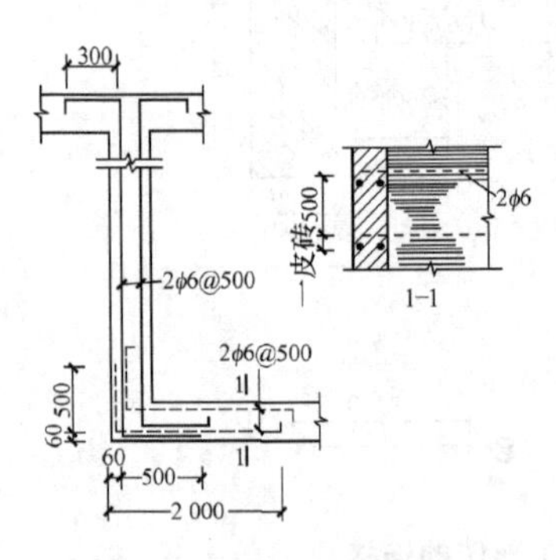

图 5-138　楼梯间横墙和外墙设置通长钢筋

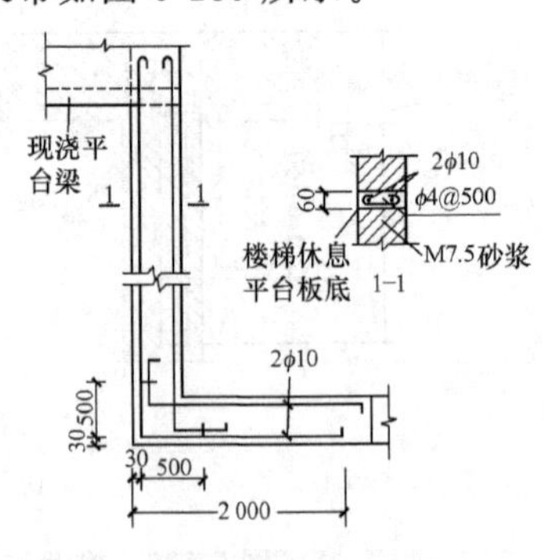

图 5-139　楼梯间墙体设置配筋砂浆带

7. 节点处构造柱与圈梁的连接

(1) T形节点。T形节点处构造柱与圈梁的连接如图5-140所示。

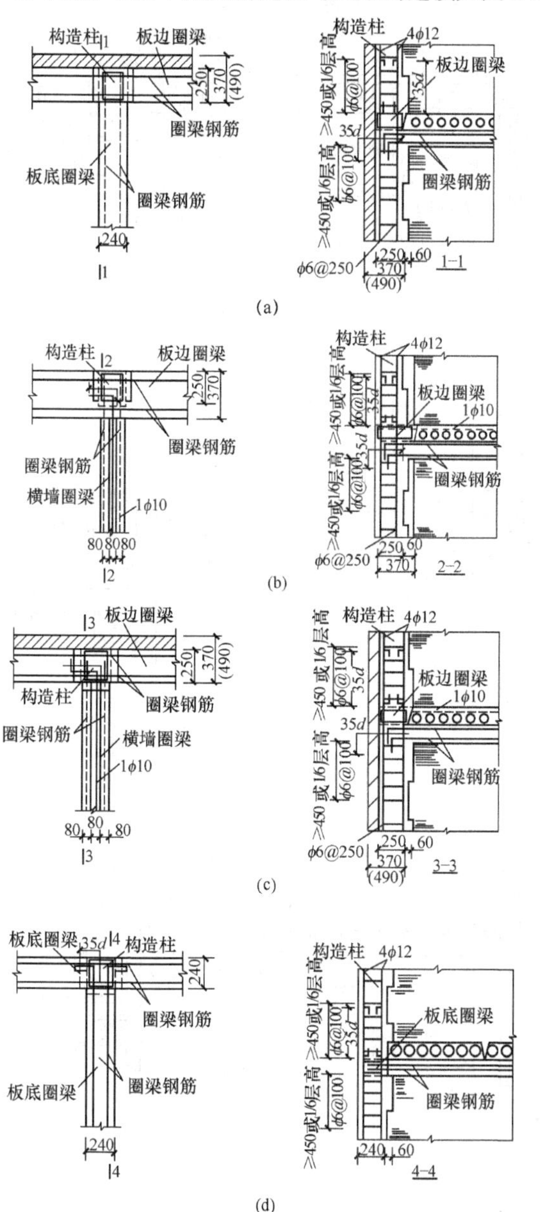

图5-140 T形节点处构造柱与圈梁的连接

（2）L 形节点。L 形节点处构造柱与圈梁的连接如图 5-141 所示。

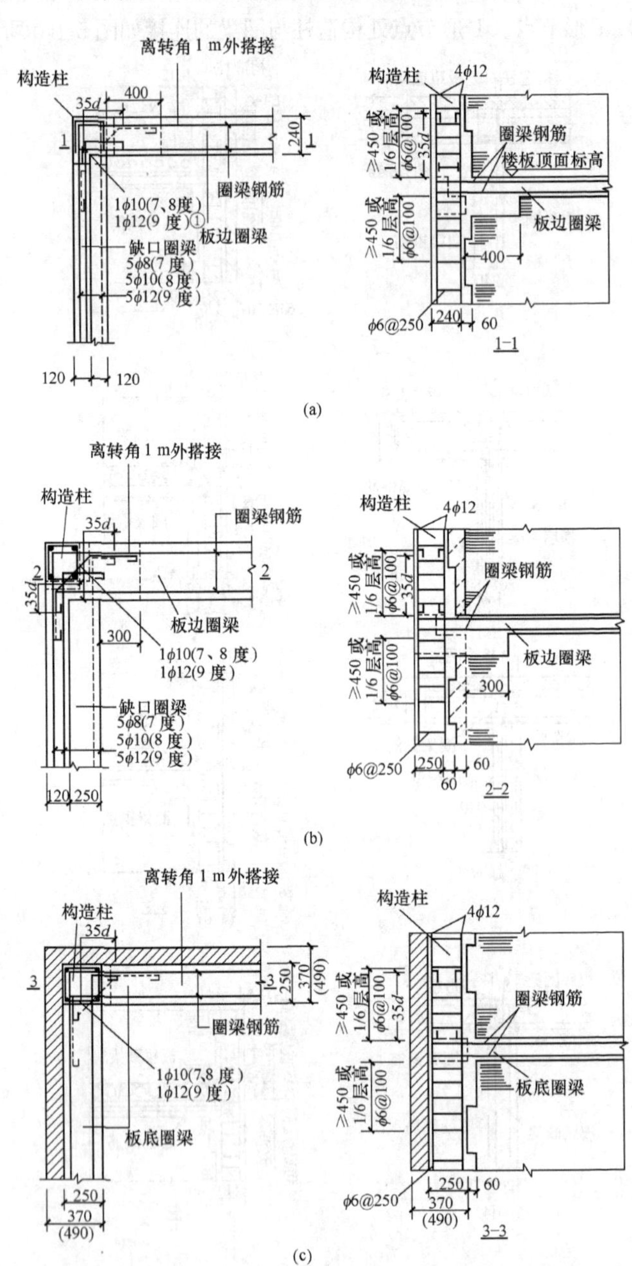

图 5-141 L 形节点处构造柱与圈梁的连接

三、混合结构房屋墙体现浇接头

（1）墙内侧构造柱与预制装配式横梁的现浇接头如图 5-142 所示。

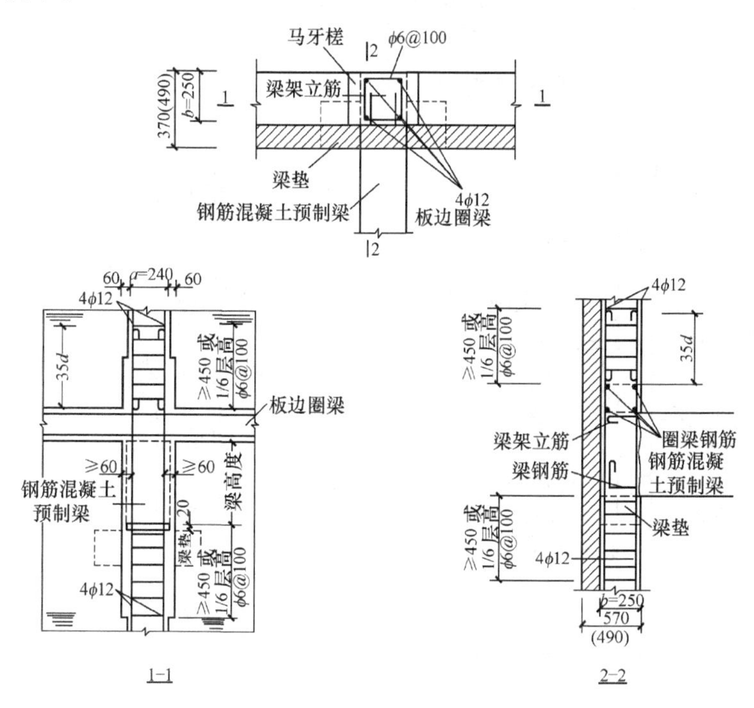

图 5-142 墙内侧构造柱与预制装配式横梁的现浇接头

（2）墙外侧构造柱与预制装配式横梁的现浇接头如图 5-143 所示。

（3）墙内侧构造柱与现浇钢筋混凝土横梁的现浇接头如图 5-144 所示。

（4）墙外侧构造柱与现浇钢筋混凝土横梁的现浇接头如图 5-145 所示。

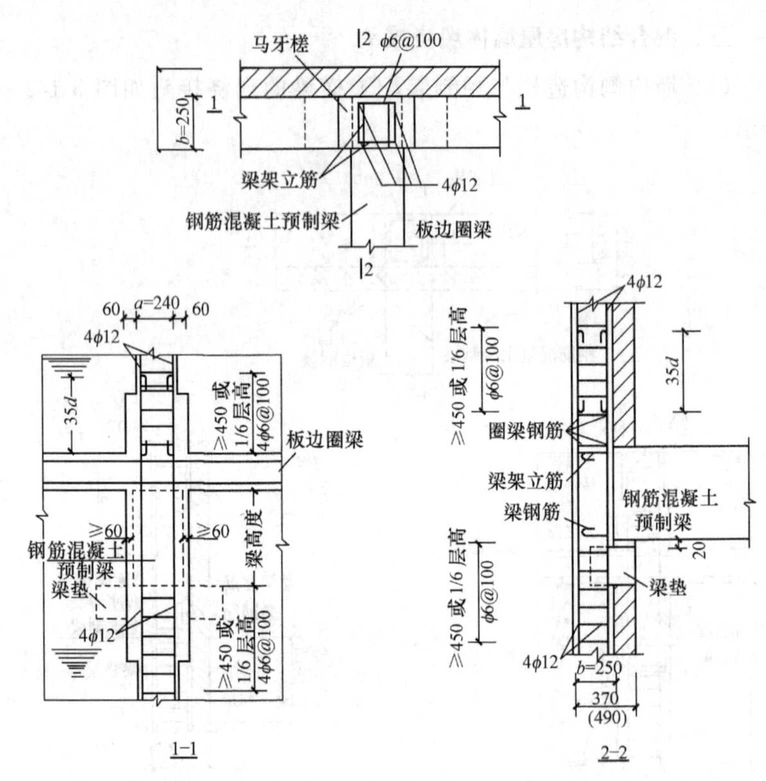

图 5-143 墙外侧构造柱与预制装配式横梁的现浇接头

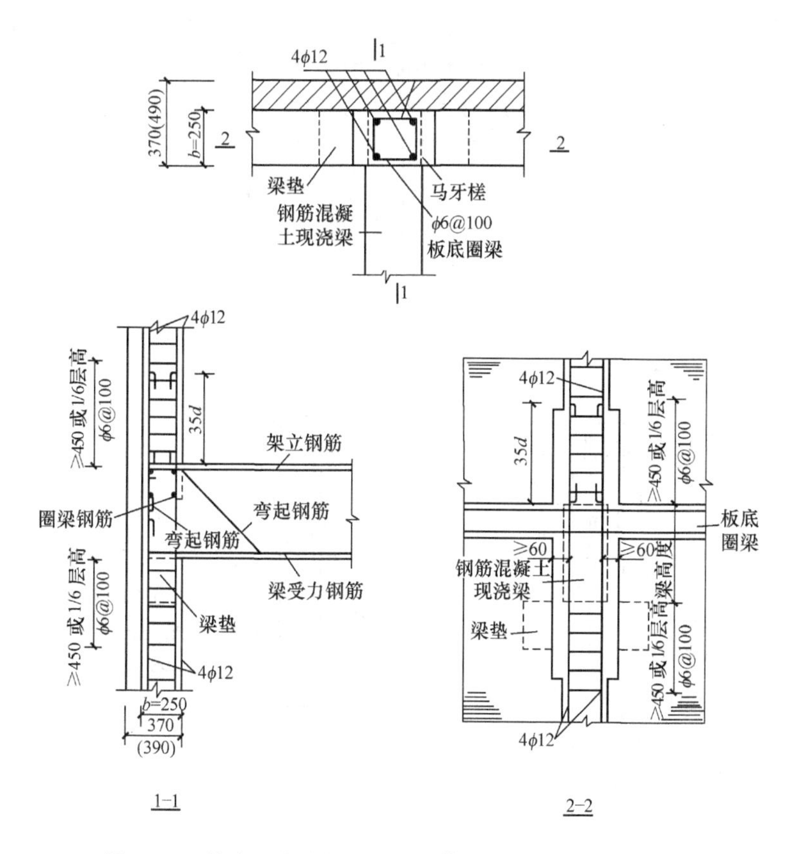

图 5-144　墙内侧构造柱与现浇钢筋混凝土横梁的现浇接头

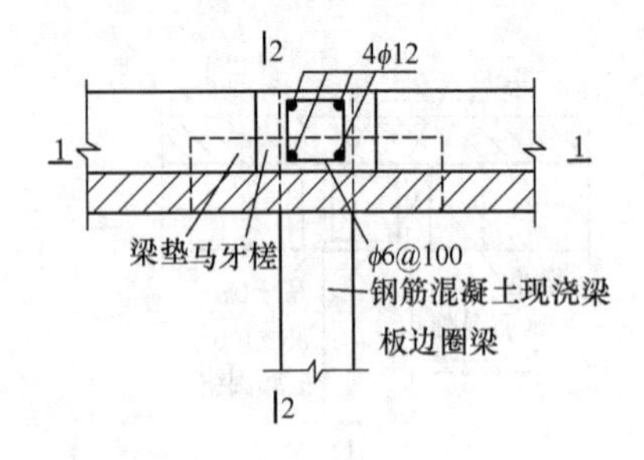

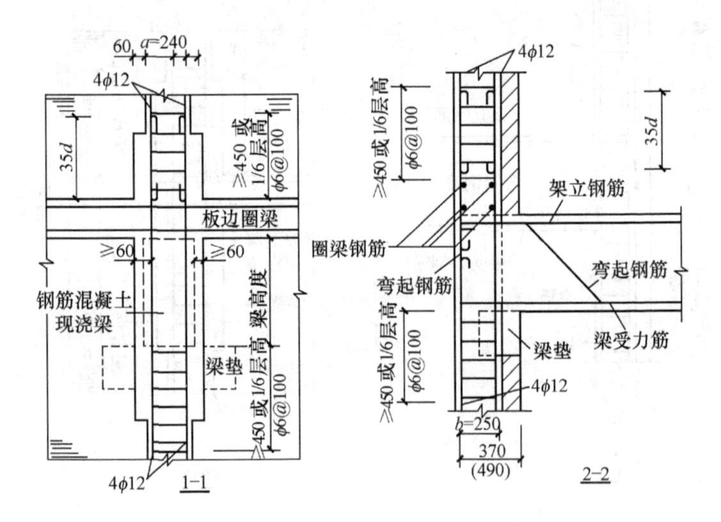

图 5-145　墙外侧构造柱与现浇钢筋混凝土横梁的现浇接头

第六章

砌筑工程的季节施工

第一节　冬期施工

当室外日平均气温连续 5 d 稳定低于 5℃时，或当日最低气温低于 0℃时，砌筑施工属冬期施工阶段。

冬期砌砖突出的问题是砂浆遭受冰冻，砂浆中的水在 0℃以下结冰，使水泥得不到水分而不能“水化”，砂浆不能凝固，失去胶结能力而不具有强度，使砌体强度降低，或砂浆解冻后砌体出现沉降。冬期施工方法，就是要采取有效措施，使砂浆达到早期强度，既保证砌筑在冬期能正常施工又保证砌体的质量。

一、冬期施工的一般要求

1. 对施工材料的要求

(1) 砌体用砖或其他块材不得遭水浸冻，砌筑前应清冰霜。

(2) 砂浆宜采用普通硅酸盐水泥拌制。

(3) 石灰膏、黏土膏和电石膏等应防止受冻。如遭冻结，应经融化后方可使用；受冻而脱水风化的石灰膏不可使用。

(4) 拌制砂浆所用的砂，不得含有冰块和直径大于 10 mm 的冻结块。

(5) 拌合砂浆时，宜采用两步投料法。水的温度不得超过 80℃，砂的温度不得超过 40℃，当水温超过规定量，应将水和砂先行搅拌，再加水泥，以防出现假凝现象。

(6) 冬期施工不得使用无水泥配制的砂浆。

2. 冬期砌筑的技术要求

(1) 要做好冬期施工的技术准备工作，如搭设搅拌机保温棚；对使用的水管进行保温；有的要砌筑一些工地烧热水的简易

炉灶；准备保温材料（如草帘等）；购置抗冻掺加剂（如食盐和氯化钙）；准备烧热水用的燃料等。

（2）普通砖、空心砖在正温条件下砌筑时．应适当浇水湿润；而在负温条件下砌筑时，如浇水确有困难，则必须适当增大砂浆的稠度。而对抗震设计烈度为 9 度设防的建筑物．普通砖和空心砖无法浇水湿润时，又无特殊措施，那么不得砌筑。

（3）冬期施工砂浆向稠度适当增大的参考值可见表 6-1。

表 6-1　冬期砌筑用砂浆的稠度

砌体种类	稠度（cm）
砖砌体	8～13
人工砌的毛石砌体	4～6
振动的毛石砌体	2～3

（4）基础砌筑施工时，当地基土为不冻胀性土时，基础可在冻结的地基上砌筑；地基土为冻胀性时，必须在未冻的地基上砌筑。在施工时和回填土之前，均应防止地基土遭受冻结。

（5）砌筑工程的冬期施工，一般应以采用掺氯盐砂浆法为主。而对保温、绝缘、装饰等方面有特殊要求的工程，可采用冻结法或其他施工方法。

（6）冬期砌筑砖石结构时对所用的砂浆温度要求如下。

①采用氯盐砂浆法、掺外加剂法和暖棚法时，不应低于 5℃。

②采用冻结法时，应按表 6-2 的规定。

表 6-2　温度要求表

室外空气温度	0～－10℃	－25～－11℃	－25℃以下
砂浆使用最低温度	10℃	15℃	20℃

（7）应采取措施尽可能减少砂浆在搅拌、运输、储存过程中的温度损失，对运输车和砂浆槽要进行保温。严禁使用已遭冻结的砂浆，不准单以热水掺入冻结砂浆内重新搅拌使用，也不宜在砌筑时向砂浆中随便掺加热水。

（8）砖砌体的灰缝宜在 8～10 mm，砂浆饱满，灰缝要密实，宜采用“三一”砌筑法，以免砂浆在铺置过程中遭冻。冬期施工中，每天砌筑后应在砌体表面覆盖保温材料。

二、冬期砌筑的主要施工方法

1. 掺氯盐砂浆法

掺氯盐砂浆是在砂浆中掺加氯化钠（食盐），如气温更低时可以掺用双盐（氯化钠和氯化钙）。掺盐是使砂浆中的水降低冰点，并能在空气负温下继续增长砂浆强度，从而也可以保证砌筑的质量，其掺盐量应符合表 6-3 的规定。

表 6-3　掺盐砂浆的掺盐量（占用水量的百分比）

项次	日最低气温			≥10℃	−15～−11℃	−20～−16℃	低于−20℃
1	单盐	氯化钠	砌砖	3	5	7	—
			砌石	4	7	10	—
2	双盐	氯化钠	砌砖	—	—	5	7
		氯化钙		—	—	2	3

注：1. 掺盐量以氯化钠和氯化钙计。
2. 日最低气温低于−20℃时，砌石工程不宜施工。

掺盐砂浆使用时，应注意以下几点：

（1）砂浆使用时的温度不应低于 5℃；砌筑砂浆强度应按常温施工时提高一级。

（2）若掺氯盐砂浆中掺微沫剂时，盐类溶液和微沫剂溶液必须在拌合中先后加入。

（3）凡采用掺氯盐砂浆时，砌体中配置的钢筋应作防腐处理。

（4）对于发电厂、变电所等工程；装饰要求较高的工程；湿度大于 60%的工程；经常受高温（40℃以上）影响的工程；经常处于水位变化的工程，不可采用此法。因为砂浆中掺入氯盐类抗冻剂会增加砌体的析盐现象，使砌体表面泛白，增加砌体吸湿性，对钢筋、预埋螺栓有腐蚀作用。配筋砌体如用氯盐作抗冻剂，还须掺入亚硝酸钠作为抗冻砂浆的附加剂，或采用碳酸钾、亚硝酸钠或硫酸钠加亚硝酸钠作为抗冻剂。

2. 冻结法

冻结法是用不掺有任何化学附加剂的普通砂浆进行砌筑的一种施工方法。它利用砂浆在凝结前冻结时砖与砂浆牢在一起，用冰的强度支持砌体的初始稳定。而砂浆则要经历冻结、融化、硬性化三个阶段，在解冻之后，砂浆仍能继续增长强度与砖黏结牢，但其黏结力可有不同程度的降低，并且还可能出现砌体在融化阶段的变形。

(1) 为此在冬期施工前（主要在寒冷地区）应与设计部门研究，对采用冻结法施工方案时，对原砖石房屋的设计进行补充验算和给予必要的补充设计，大致应考虑以下几点。

①在砂浆解冻期内，所砌的墙体允许的极限高度。

②在解冻期时，砖石结构需要采取的临时加固措施。

③如果下一层墙壁需要加强时，应明确加强的方法。

(2) 所以在采用冻结法施工时，既要考虑砂浆融化时的砌体强度，又要考虑砌体发生沉降时的稳定。下列的一些结构不应采用冻结法：

①乱毛石砌体、空斗墙砌体、受侧压力的砌体。

②在解冻过程中会遭受相当大的动力作用或有振动作用的、形状不规则的砖石结构。

③在解冻阶段承受偏心荷载和有较大偏心距的结构、解冻时不允许发生沉降的砌体。

④外挑较大，大于 180 mm 的挑檐、钢筋砖过梁、跨度大于 1.2 m 的砖砌平璇。

⑤砖薄壳、双曲砖拱、薄壁圆形砌体或薄型拱结构等。

(3) 冻结法施工时，砂浆使用时的温度不应低于 10℃；如设计无要求，而当日最低气温高于或等于－25℃时，对砌筑承重砌体的砂浆强度应按常温施工时提高一级；当日最低气温低于－25℃时，则应提高二级。

(4) 为了保证冻结法砌筑的砖石结构在解冻时的稳定性，一般应采取如下的加固措施。

①在楼板水平面上墙的拐角处、交接处和交叉处每半砖设置

一根 $\phi 6$ 钢筋拉结筋，伸入相邻柱、墙中 1 m 以上，在末端加弯钩，并用垂直短筋加以固定。

②当每一层楼的砌体砌筑完结后，应及时安装（或浇筑）梁板或屋盖，当采用预制构件时，应将其端部锚固在墙砌体中，梁板与墙体间距不大于 10 倍砌体厚度。

③支承跨度较大的梁、过梁及悬臂梁的墙，在冬季来临前应该在梁的下部加设临时支柱，并加楔子用以调整结构的沉降量。

④门窗框的上部应预留砌体的沉降缝隙、宽度在砖砌体中不应小于 5 mm。砌体中的孔洞、凹槽、接槎等在开冻前应填砌完毕。

（5）此外，在采用冻结施工时应注意以下事项：

①每天的砌筑高度及临时间歇处的砌体高度差，均不得大于 1.2 m。

②砌筑应采用满丁满条法，在门窗框上部应留出缝隙，其缝宽度在砖砌体中不应小于 5 mm，在料石砌体中不应小于 3 mm。

③跨度大于 0.7 m 的过梁，应采用预制构件。

④砖砌体的水平灰缝厚度不宜大于 10 mm。

⑤在墙体和基础中，不允许留出未经设计部门同意的水平槽和斜槽；留置在砌体中的洞口和沟槽等，宜在解冻前填砌完毕。

⑥墙砌体上如搁置大梁，则在梁端上部预留有 10～20 mm 的空隙，以利解冻时砌体沉降。

⑦解冻前，应把房屋中（楼板上）剩余的建筑材料、建筑垃圾等载重清理干净。

⑧在解冻期间，应经常对砌体进行观测和检查，如发现裂缝、不均匀下沉等情形，应查清原因，并立即采取相应加固措施。

第二节　雨期施工

雨期来临，对砌筑工艺来讲客观上增加了材料的水分。雨水不仅使砖的含水率增大，而且使砂浆稠度值增加并易产生离析。

用多水的材料进行砌筑，会发生砌体中的块体滑移，甚至引起墙身倾倒；也会由于饱和的水使砖和砂浆的黏结力减弱，影响墙的整体性。因此在雨期施工，应作如下防范措施：

（1）该阶段要用的砖或砌块，应堆放在地势高的地点，并在材料面上平铺二、三皮砖作为防雨层，有条件的可覆盖芦席、苫面等，以减少雨水的大量浸入。

（2）砂子应堆在地势高处，周围易于排水。宜用中粗砂拌制砂浆，稠度值要小些，以适当多雨天气的砌筑。

（3）适当减少水平灰缝的厚度，皮数杆划灰缝厚度时，以控制在 8～9 mm 为宜，减薄灰缝厚度可以减小砌体总的压缩下沉量。

（4）运输砂浆时要防雨，必要时可以在车上临时加盖防雨材料，砂浆要随拌随用，避免大量堆积。

（5）收工时应在墙面上盖一层干砖，防止突然的大雨把刚砌好的砌体中的砂浆冲掉。

（6）每天砌筑高度也应加以控制，一般要求不超过 2 m。

（7）雨期施工时，应对脚手架经常检查防止下沉，对道路等采取防滑措施，确保安全生产。

第三节　高温期间和台风季节施工

沿海一带夏季比较炎热，蒸发量大，气候相对干燥，与多雨期间正好相反，即容易使各种材料干而缺水。过于干燥对砌体质量亦为不利。加上该时期多台风，因此在砌筑中应注意以下几方面，以保证砌筑质量：

（1）砖在使用前应提前浇水，浇水的程度以把砖断开观察，其周边的水渍痕应达 20 mm 左右为宜，砂浆的稠度值可以适当增大些，铺灰时铺灰面不要摊得太大，太大会使砂浆中水分蒸发过快，因为温度高蒸发量大，砂浆易变硬，以致无法使用造成浪费。

（2）在特别干燥炎热的时候，每天砌完墙后，可以在砂浆已初步凝固的条件下，往砌好的墙上适当浇水，使墙面湿润，有利于砂浆强度的增长，对砌体质量也有好处。

（3）台风时期砌体尚不稳定时易受强劲风力影响，砌筑施工时要注意：一是控制墙体的砌筑高度，以减少悬壁状态的受风面积，二是在砌筑中最好四周墙同时砌，以保证砌体的整体性和稳定性。控制砌筑高度以每天一步架为宜。因砂浆凝固需要一定时间，砌得过高会因台风的风荷载引起砌体变形。为保证砌体的稳定性，脚手架不要依附在墙上；不要砌单堵无联系的墙体、无横向支撑的独立山墙、窗间墙、高的独立柱子等，如一定要砌，应在砌好后加适当的支撑，如木杆、木板进行加强，以抵抗风力的破坏。

根据规范规定，将砌筑中砌体遇大风时允许砌的自由高度列表 6-4，供读者参考。

表 6-4　墙和柱的允许自由高度（m）

墙（柱）厚（mm）	砌体密度 $>$1 600 kg/m^3（石墙、实心砖墙等）			砌体密度 1 300～1 600 kg/m^3（空心砖墙、空斗墙、砌块墙等）		
	风荷载（kN/m^2）			风荷载（kN/m^2）		
	0.3（约 7 级风）	0.4（约 8 级风）	0.5（约 9 级风）	0.3（约 7 级风）	0.4（约 8 级风）	0.5（约 9 级风）
190	—		—	1.4	1.1	0.7
240	2.8	2.1	1.4	2.2	1.7	1.1
370	5.2	3.9	2.6	4.2	3.2	2.1
490	8.6	6.5	4.3	7.0	5.2	3.5
620	14.0	10.5	7.0	11.4	8.6	5.7

注：1. 本表适用于施工处相对标高（H）在 10m 范围内的情况。如 $10m < H \leq 15m$，$15m < H \leq 20m$ 时，表内值分别乘以 0.9、0.8 系数；如 $H > 20m$ 时，应通过抗倾覆结算确定其高度。

2. 所砌墙有横墙或与其他结构连接，且间距小于表列限值的 2 倍时，其高度可不受本表限制。

以上所介绍的各种季节施工要求，属于一般普遍常用的方法，在实际工作中应根据具体施工的地区、具体的施工条件，灵活地制定砌筑施工措施。

第七章

施工安全管理

第一节　熟记安全须知

一、一般安全须知

（1）工人进入施工现场必须正确佩戴安全帽，上岗作业前必须先进行三级（公司、项目部、班组）安全教育，经考试合格后方能上岗作业；凡变换工种的，必须进行新工种安全教育。

（2）正确使用个人防护用品，认真落实安全防护措施。在没有防护设施的高处、悬崖和陡坡施工，必须系好安全带。

（3）坚持文明施工，材料堆放整齐，严禁穿拖鞋、光脚等进入施工现场。

（4）禁止攀爬脚手架、安全防护设施等。严禁乘坐提升机吊笼上下或跨越防护设施。

（5）施工现场临边、洞口，市政基础设施工程的检查井口沉井口等设置防护栏或防护挡板，通道口搭设双层防护棚，并设危险警示标志。

（6）爱护安全防护设施，不得擅自拆动，如需拆动，必须经安全员审查并报项目经理同意，但应有其他有效的预防措施。

二、防火须知

（1）贯彻“预防为主，防消结合”的安全方针，实行防火安全责任制。

（2）现场动用明火必须有审批手续和动火监护人员，配备合适的灭火器材，下班前必须确认无火灾隐患方可离开。

（3）宿舍内严禁使用煤油灯、煤气灶、电饭煲、热得快、电炒锅、电炉等。

(4) 施工现场除指定地点外，作业区禁止吸烟。

(5) 严格遵守冬季、高温季节施工等防火要求。

(6) 从事金属焊接（气割）等作业人员必须持证上岗，焊割时应有防水措施。

(7) 车间及装修施工区易燃废料必须及时清除，防止火灾发生，发生火灾（警）应立即向119报警。

(8) 按消防规定施工现场和重点防火部位必须配备灭火器材和有关器具。

(9) 当建筑施工高度超过30 m时，要配备有足够消防水源和自救的用水量，立管直径在2寸以上，有足够扬程的高压水泵保证水压和每层设有消防水源接口。

三、施工用电须知

(1) 使用电气设备前，必须按规定穿戴相应的劳动保护用品，并检查电气装置和保护设施是否完好。开关箱使用完毕，应断电上锁。

(2) 建设工程在高、低压线路下方，不得搭设作业棚、建造生活设施或堆放构件、材料以及其他杂物等，必要时采取安全防护措施。

(3) 不得攀爬、破坏外电防护架体，不得损坏各类电气设备，人及任何导电物体与外电架空线路的边线之间要有一定的安全操作距离。

(4) 施工现场配电，中性点直接接地中必须采用TN-S接零保护系统（三相五线制），实行三级配电（总配电柜、箱、分路箱、开关箱）三级保护。线路（包括架空线、配电箱内连线）分色为：相线L1为黄色，相线L2为绿色，相线L3为红色，工作零线N为浅蓝色，保护零线PE为黄/绿双色。禁止使用老化电线，破皮的应进行包扎或更换。不得拖拉、浸水或缠绑在脚手架上等。

(5) 实行“一机一闸一漏一箱”制。严禁使用电缆卷筒螺旋开关箱，严禁带电移动电气设备或配电箱，禁用倒顺开关。

(6) 施工现场停止作业1 h以上时，应将动力开关箱断电上锁。

(7) 熔断丝应与设备容量相匹配，不得用多根熔丝连接代替一根熔丝，每组熔丝的规格应一致，严禁用其他金属丝代替熔丝。

(8) 施工现场照明灯具的金属外壳必须作保护接零，其电源线应采用三芯橡皮护套电缆，严禁使用花线和塑料护套线。

四、砌筑工操作安全守则

(1) 严格遵守现行标准、规范，搞好安全文明施工。

(2) 进入施工现场的人员必须正确戴好安全帽，系好下颏带；按照作业要求正确穿戴个人防护用品，着装要整齐；在没有可靠安全防护设施的高处（2 m 以上）施工时，必须正确系好安全带；高处作业不得穿硬底和带钉易滑的鞋，不得向下投掷物料。

(3) 不准带小孩进入施工现场，不准饮酒、赌博、打闹、穿拖鞋、穿高跟鞋。

(4) 作业前，必须检查作业环境是否符合安全要求，道路是否畅通，施工机具是否完好，脚手架及安全设施、防护用品是否齐全，检查合格后，方可作业。

(5) 冬季施工遇有霜、雪时，必须将脚手架上、沟槽内等作业环境内的霜、雪清除后方可作业。

(6) 作业环境中的碎料、落地灰、杂物、工具集中清运，做到活完料净场地清。

(7) 同一垂直面内上下交叉作业时，必须设安全隔板，下方操作人员应戴好安全帽。垂直运输的吊笼、绳索具等，必须满足负荷要求，吊运时不得超载。

(8) 用于垂直运输的吊笼、滑车、绳索、刹车灯，必须满足负荷要求，牢固无损；吊运时不得超载，并需经常检查，发现问题及时修理。

(9) 用起重机吊砖要用砖笼；吊砂浆的料都不能装得过满。掉杆回转范围内不得有人停留，吊件落到架子上时，砌筑人员要暂停操作，并避到一边。

(10) 砖、石运输车辆两车前后距离平道上不小于 2 m，坡道上不小于 10 m；装砖时要先取高处后取低处，防止垛堆倒砸人。

(11) 砌筑使用的工具应放在稳妥的地方。在架子上斩砖，操作人员必须面向里，把砖头斩在架子上。挂线的坠物必须绑扎牢固。

(12) 砍砖时，应面向内打；用锤打石时，应先检查铁锤有无破裂，锤柄是否牢固。

(13) 砌基础时，应注意检查基坑土质变化，堆放砖（砌）块材料应离坑边 1 m 以上，深基坑有挡板支撑时，应设上下爬梯，操作人员不得踩踏砌体和支撑，作业运料时，不得碰撞支撑。

(14) 在深度超过 1.5 m 的沟槽、基坑内作业时，必须检查槽壁有无裂缝、水浸或坍塌的危险隐患，确定无危险后方可作业。

(15) 砌筑高度超过 1.2 m，应搭设脚手架作业。在一层以上或高度超过 4 m 时，采用里脚手架必须支搭安全网，采用外脚手架应设护身栏杆和挡脚板后方可砌筑。

(16) 脚手架上堆料量不得超过规定荷载（均布荷载每平方米不得超过 3 kN，集中荷载不超过 1.5 kN)。脚手架上堆砖高度不得超过 3 皮侧砖，同一块脚手板上的操作人员不应超过两人。

(17) 不得在墙上行走，不准勉强在超过胸部以上的墙体上进行砌筑，以免将墙体碰撞倒塌或上料时失手掉下造成安全事故。

(18) 在屋面坡度大于 25°时，作业必须使用移动板梯，板梯必须有牢固挂钩。檐口应搭设防护栏杆，并挂密目安全网。

(19) 不准用不稳固的工具或物体在脚手板上垫高作业，不准勉强在超过胸部的墙上砌筑。

(20) 在砌块砌体上，不宜拉锚缆风绳，不宜吊挂重物，也不宜作为其他施工临时设施、支撑的支撑点。如果确实需要时，应采取有效的构造措施。

(21) 已砌好的山墙，应临时用联系杆放置在各跨山墙上，使其联系稳定，或采取其他有效加固措施。

（22）已经就位的砌块，必须立即进行竖缝灌浆；对稳定性较差的窗间墙独立柱和挑出墙面较多的部位，应加临时稳定支撑，以保证其稳定性。有大风的季节，应及时进行圈梁施工，加盖楼板，或采取其他稳定措施。

（23）作业结束后，应将脚手板上和砌体上的碎块、灰浆清扫干净，清扫时注意防止碎块掉落，同时做好已砌好砌体的防雨措施。

第二节　读懂安全标识

一、禁止标识

常见禁止标识牌如图 7-1 所示。

图 7-1　禁止标识牌

二、警告标识

常见警告标识牌如图 7-2 所示。

图 7-2　警告标识牌

三、指令标识

常见指令标识牌如图 7-3 所示。

图 7-3　指令标识牌

四、指示标识

常见指示标识牌如图 7-4 所示。

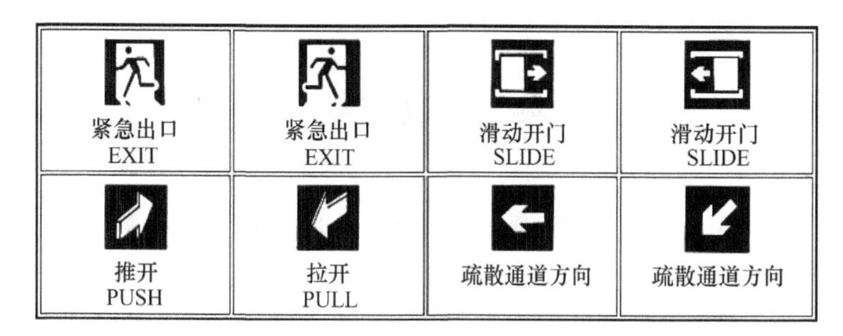
紧急出口
EXIT
紧急出口
EXIT
滑动开门
SLIDE
滑动开门
SLIDE
推开
PUSH
拉开
PULL
疏散通道方向
疏散通道方向

图 7-4 指示标识牌

参考文献

本书编审委员会．2018．砌筑工［M］．北京：中国建筑工业出版社．

北京建工集团有限责任公司．2008．建筑分项工程施工工艺标准［M］北京：中国建筑工业出版社．

北京土木建筑学会．2008．建筑工程施工技术手册［M］．武汉：华中科技大学出版社．

高琼英．2006．建筑材料［M］．第3版．武汉：武汉理工大学出版社．

侯君伟．2006．砌筑工手册［M］．北京：中国建筑工业出版社．

建筑工人职业技能培训教材编委会．2016．砌筑工［M］．北京：中国建材工业出版社．

建筑工人职业技能培训教材编委会．2015．砌筑工［M］．第2版．北京：中国建筑工业出版社．

建设部干部学院．2008．实用建筑节能工程施工［M］北京：中国电力出版社．

刘大勇．2008．地基基础工程施工细节详解［M］．北京：机械工业出版社．

宋远平．2011．砌筑工［M］．北京：中国农业科学技术出版社．

姚兰，朱海群．2015．砌筑工（初级工 中级工）［M］．北京：中国环境出版社．

住房和城乡建设部人事司．2011．砌筑工［M］．第2版．北京：中国建筑工业出版社．

住房和城乡建设部干部学院．2017．砌筑工［M］．第2版．北京：华中科技大学出版社．